中小学财经普及读本

管好自己的压岁钱

李晶/编著

中州古籍出版社

图书在版编目(CIP)数据

管好自己的压岁钱/李晶编著. —郑州：中州古籍出版社，2013.12

ISBN 978-7-5348-4550-5

Ⅰ. ①管… Ⅱ. ①李… Ⅲ. ①财务管理—儿童读物 Ⅳ. ①TS976.15-49

中国版本图书馆 CIP 数据核字(2013)第 300919 号

出 版 社：中州古籍出版社
（地址：郑州市经五路 66 号　邮政编码：450002）
发行单位：新华书店
承印单位：北京柏玉景印刷制品有限公司
开　　本：787mm×1092mm　1/16　印　　张：10
字　　数：125 千字
版　　次：2014 年 6 月第 1 版
印　　次：2014 年 6 月第 1 次印刷
定　　价：19.80 元

前　言

中小学生财商教育的缺失,已成为我们这个社会极大的隐患。现在的父母都纠结于既要应付世俗的功利标准,以帮助孩子应对残酷的生存竞争,同时又希望子女拥有健康的心灵及高尚的情操。而当下的某些教育理论,却把两者定性在两个对立面上,现实的功利教育与高尚的素质教育似乎水火不容。

为了让家长朋友更好地认识财商教育的重要性,更好地启发、培养中小学生的财商,我们策划了本丛书。丛书以通俗的语言、精彩的案例和分析,从不同角度向广大家长朋友全面阐述了对孩子普及财商教育的重要性。力戒以枯燥无味的说教式姿态出现在家长朋友的面前,涉及了股票、基金、期货、外汇、保险以及理财常识。在书中也对中小学生的压岁钱管理做了相关介绍和指导。本丛书也可以作为家长与孩子共同品读的读物,因为书中生动真实的案例故事可以有效帮助孩子树立正确的金钱观,让他们学会珍惜金钱,驾驭金钱,从小就成为真正的理财高手。

尤其值得一提的是,本丛书还在最大程度上为孩子普及财商教育。这些财商教育是本丛书最大的亮点,力求给家长朋友最实用、最有效的教子指导。真诚希望本丛书能够成为帮助家长朋友培养孩子财商的良师益友,也真诚希望中小学生能够从本书中体会到财商的重要性,收获更多的财富和快乐。

目 录

第一章 全面了解压岁钱

为什么会有压岁钱这个说法 …… 1
压岁钱的发展历程 …… 2
压岁钱对社会发展的作用 …… 4
为什么盼望压岁钱回归自我 …… 6
当今压岁钱是如何消费的 …… 9
由压岁钱引发的弊端 …… 15
压岁钱的异地风情 …… 24

第二章 支配压岁钱、轻松学理财

对压岁钱的错误认识 …… 33
压岁钱如何运用在学习上 …… 35
压岁钱可以作为教育基金 …… 37
压岁钱可以买保险 …… 38
“金融管理”在压岁钱上的运用 …… 40
选基金还是选黄金 …… 42

"钱生钱"与"钱生智"的对决 …… 43
孩子要拥有合理的财商 …… 44
用你的财富来献爱心 …… 47
让压岁钱发挥最大作用 …… 49

第三章　压岁钱让孩子自己做主

你的孩子会"认识钱"吗 …… 52
关于钱币的常识 …… 53
学会管理自己的小金库 …… 60
怎样拥有自己的储蓄 …… 83
如何让你的小财富生出钱 …… 95

第四章　小故事里的理财智慧

驴子故事的启示 …… 111
关于饿狼的故事 …… 113
拖拖拉拉的老鼠 …… 113
花园里的小动物们 …… 114
第一次自己做事的小马 …… 116
聪明的曹冲 …… 117
从天堂到地狱的转换 …… 119
积累而成的财富 …… 120
德国给我的一堂课 …… 121
金钱换不来一切 …… 123
梦想如何实现 …… 124

第五章　培养良好的消费习惯

怎么给孩子零用钱 …… 126
零花钱不可以用家务衡量 …… 128
如何实行长辈的金钱奖励 …… 130
不要放纵孩子的消费 …… 133
大手大脚地花钱不可取 …… 135
“借钱”比“给钱”更可取 …… 137
明白你为何给孩子零花钱 …… 139
不能毫无节制地给孩子钱 …… 143
买贵重的不如买合适的 …… 145
不要苛刻削减孩子的零花钱 …… 147
给孩子的理财提建议 …… 149

第一章 全面了解压岁钱

为什么会有压岁钱这个说法

每年的春节前夕孩子们就非常高兴，在这天家中的长者一般要将事先准备好的压岁钱分给晚辈。据说压岁钱可以压住邪祟，因为“岁”与“祟”谐音，孩子们只要得到压岁钱，就能在新的一年里万事平安。

压岁钱一般分为两种类型：其中不怎么常见的一种是以彩绳穿钱编作龙形，放在床脚。此记载见于《燕京岁时记》；另一种是我们大多数人在春节时经常用到的，即由家长用红纸包裹着分给孩子的钱。压岁钱可在晚辈拜年后当众赏给，亦可在除夕夜孩子睡着时，由家长悄悄地放在孩子的枕头底下。

清朝诗人吴曼云在《压岁钱》诗中云：“百十钱穿彩线长，分来再枕自收藏，商量爆竹谈箫价，添得娇儿一夜忙。”由此看来，压岁钱牵挂着一颗颗童心。他们的压岁钱主要用来买鞭炮、玩具和糖果等节日礼物。

现在长辈为晚辈分送压岁钱的习俗仍然盛行，压岁钱的数额从几十元到几百元不等。这些压岁钱多被孩子们用来购买图书和学习用品，新的时尚为压岁钱赋予了新的内容。

另外还有另一种压岁钱的说法，是晚辈送给长辈的。岁，就是年岁，岁数。压岁，意在期盼老人长寿。

关于压岁钱，有一个流传很广的故事。说的是古时候，有一种小妖叫“祟”，大年三十晚上要出来用手去摸熟睡着的孩子的头，孩子往往被吓得大声哭喊，接着头疼发热，变成傻子。因此，家家户户都要在大年三十晚上亮着灯坐着不睡，叫做“守祟”。

在嘉兴府有一户姓管的人家，夫妻俩老年得子，视为掌上明珠。到了大年三十夜晚，他们怕祟来害孩子，就逼着孩子玩。于是孩子用红纸包了八枚铜钱，拆开包上，包上又拆开，一直玩到睡下，包着的八枚铜钱就放到枕头边。夫妻俩不敢合眼，挨着孩子长夜守祟。半夜里，一阵大风吹开了房门，吹灭了灯火，黑矮的小人用它的白手摸孩子的头时，孩子的枕边竟闪出一道亮光，祟急忙缩回手尖叫着逃跑了。第二天，管氏夫妇把用红纸包八枚铜钱吓退“祟”的事告诉了大家。大家也都学着在年夜饭后用红纸包上八枚铜钱交给孩子放在枕边，果然以后祟就再也不敢来害小孩子了。孩子也就平安无事了。原来，这八枚铜钱是由八仙变的，他们在暗中保护孩子，因而，人们便把这钱叫“压祟钱”。又因“祟”与“岁”谐音，随着岁月的流逝而被称为“压岁钱”了。

压岁钱的发展历程

压岁钱最早诞生在汉朝时期。

压岁钱的名称叫“厌胜钱”，或叫“大压胜钱”。这种钱不是市面上的专用货币，而是为了佩带玩赏而专铸成钱币形状的避邪品。这种钱币形式的佩带物品最早是在汉朝出现的，有的正面铸有钱币上的文字和各种吉祥语，如“千秋万岁”、“天下太平”、“去殃除凶”等；背面铸有各种图案，如龙凤、龟蛇、双鱼、斗剑、星斗等。

唐朝时宫廷里流行春日散钱的风俗。当时春节是“立春日”，是宫内相互朝拜的日子，民间并没有这一习俗。《资治通鉴》第二十六卷记载了杨贵妃生子，“玄宗亲往视之，喜赐贵妃洗儿金银钱”之事。这里说的洗儿钱除了贺喜外，更重要的意义是长辈给新生儿的避邪去魔的护身符。

宋元以后，正月初一取代立春日，称为春节。不少原来属于立春日的风俗也移到了春节。春日散钱的风俗就演变成为给小孩压岁钱的习俗。清富察敦崇《燕京岁时记》是这样记载压岁钱的：“以彩绳穿钱，编作龙形，置于床脚，谓之压岁钱。尊长之赐小儿者。亦谓压岁钱。”

到了明清时，压岁钱大多数是用红绳穿着赐给孩子。民国以后，则演变为用红纸包100文铜钱，其寓意为“长命百岁”；给已经成年的晚辈压岁钱，红纸里包的是一枚大洋，象征着“财源茂盛”、“一本万利”。货币改为钞票后，家长们喜欢选用号码相连的新钞票给孩子们，寓意孩子在来年“连连发财”、“连连高升”。

压岁钱的风俗源远流长，它代表着长辈对晚辈的一种美好祝福，是长辈送给孩子的护身符，希望保佑孩子在新的一年里健康、吉祥。

1949年以前，那会儿如果长辈给100元压岁钱，听起来不错，蛮多的。其实，那时候的100元钱跟现在的1角钱差不多。

到1950年前后，币制改了，长辈给压岁钱也就开始5分、1角地给，但得磕响头作毕恭毕敬状才能得到。不过，孩子们也“乐得屁颠儿屁颠儿的”。到合作社买小炮儿买零食去！一路上那钱被死攥在手里直到捂出汗来。有的小孩把压岁钱藏来藏去，藏丢了的倒霉事也是常有的，那种心痛劲现在的小朋友是无法体会的。

到1960年前后，压岁钱可能是几块糖，那时绝大多数家庭的经济状况都很差，一年到头能见到糖的时候并不多。用几块糖替代压岁钱已经很不错了，父母和孩子都很甜蜜。即使有小孩得到两角五角的，钱一到手，就会去买小人书、小炮儿、爆米花儿。

1970年前后，特别是20世纪70年代后期度过童年的人要幸运些，压岁钱真的是钱。虽然是几角钱或者几元钱，父母顺手塞给孩子而不用包成“红包”，轻轻松松说句“去买糖吃”、“去买鞭炮吧”，就能让孩子们兴奋好几天。这点儿压岁钱怎么花，全由孩子自己做主，没有功利，唯有甜蜜和快乐。

1980年前后出生的孩子就更幸运了，压岁钱额度与国家经济状况的运行程度成正比。城市人给孩子的钱往往是几十元上百元，开始包成“红包”发赠；即便在农村，孩子也能得到至少10元钱。那时，大人们给压岁钱时虽稍稍附加了些许条件，比如“不要乱花”、“要好好学习哦”，但总体上讲仍是快乐和祝福的物化表现。

1990年到现在，孩子大多为独生子女，他们很多人得个成百上千元的压岁钱不算奇怪，有的甚至可拿到上万元。

压岁钱对社会发展的作用

我国传统社会里以血缘关系为纽带、以家族生活为基本模式，其突出特征是“长幼有序”，家长们平时都很威严。只是到了春节，

在喜庆的氛围里，晚辈们给长辈行磕头礼，表示对长者的敬重与祝福时，长辈便放下架子发给小辈们或多或少的压岁钱，表示对他们的关心和爱护。压岁钱的施与取，像是一出热热闹闹的戏，既表达了共度佳节、喜庆热闹的意思，也体现了“父慈子孝”、“尊尊亲亲”的传统观念，是对家族血统的确定和对传统伦理的特别重视。

压岁钱的民俗世代相传，不管是豪门大户还是平民百姓，家家户户都借此民俗长幼同乐。那么，现在我们有什么理由让这种民俗消亡呢？

每个国家都有如何对待传统民俗的问题。美国的历史只有几百年，所以他们像爱护眼珠一样爱护自己的历史传统，如感恩节、圣诞节。日本人一年中也要过各种各样的传统节日。而且大多数孩子都要行隆重的成年礼。

传统民俗大多是好的，值得珍惜，因为它们代表了中华民族悠久的历史，一旦失去，就难以恢复。现在有的地方，过春节跟平时没有两样，腊八节、端午节、重阳节很少有人想得起来。可以说现代人生活在一个物质生活极其丰富而精神生活却相对贫乏的状态，很少有什么传统的、公众的习俗让我们产生一种与历史、与民族文化血脉相连的感觉。

从传统风俗、礼仪的丧失这个现象中我们窥见的是传统的人情、伦理的丧失。越来越多的人已经觉察到，当今社会中人和人之间的感情日益淡漠、社会纽带逐渐松弛。最近几年，为什么韩剧会在中国风靡一时？难道不是因为其中浓浓的人情味打动了我们？韩剧中的家长威风、磕头礼等并不好，但我们社会本有的父慈子孝、兄友弟恭等优良的伦理秩序，却是无论如何都不可以抛弃的。

诚然，在现代化的过程中，我们有时迫不得已要告别一些旧的风俗习惯，比如说在大城市里禁放烟花爆竹，那是为了安全考虑。

可是压岁钱不同于爆竹，压岁钱本身并没有什么危害性。有的人借压岁钱显示财大气粗，有的家长对孩子用压岁钱不加引导，还有的用压岁钱互相攀比……这是一些人把传统习俗用歪了，违背了这一风俗本来的意蕴。

压岁钱其实是长辈对晚辈的美好期望和祝福，是对晚辈的期待。如何用好它，将其引导到最合理的用途上是关键。

压岁钱的习俗是我们的传统文化，虽然"钱"的形式变了又变，但万变不离其宗：这是长辈对晚辈的美好祝愿，没有条件，没有功利，只是要让孩子们开心。而用象征活力、好运和耀眼的红包装钱，它的寓意是非常明显的。

为什么盼望压岁钱回归自我

随着压岁钱风俗的逐步发展，对压岁钱的批评之声不绝于耳。批评者的理由主要有：一、压岁钱数量不断攀升，加重了人们的经济负担；二、一些孩子常常不能合理使用压岁钱；三、有时压岁钱成了一种变相的送礼和贿赂。

这些批评和原因分析很有道理，但如果因此倡导移风易俗、取消压岁钱，也未必就是正确的选择。压岁钱是一种民俗，它能够在岁月的长河中积淀下来，按照社会学家和人类学家的分析，一种习俗之所以存在，肯定是因其蕴涵着某种社会意义。

送"红包"是中国人一直以来的新年习俗，它象征着新年的美好祝愿，也是孩子们一年中最期待的礼物。压岁钱不在于钱的多少，它更多的意义是图个吉利，来年讨个好彩头。因此大家都觉得，心

意到最重要。

压岁钱不能让孩子养成白拿钱的习惯。现在的孩子每到春节都要收到成百上千甚至上万元的压岁钱，这就让人感到经济压力很大。因为很多孩子体会不到挣钱的艰辛，不能让他们从小养成白拿钱的习惯。

压岁钱传达的是新年祝福，不应以钱的多少来衡量，应该选择有意义的方式来表示心意。随着生活水平和收入的普遍提高，现在过春节，一个孩子收到几百元压岁钱已经很平常，成千上万元的也不稀奇。面对着越来越多的压岁钱，家长们较普遍的做法是，要么统统没收，不让孩子养成乱花钱的毛病；要么权力全部下放，让孩子随心所欲地花，很少有人仔细考虑如何教孩子打理压岁钱。

每年过完春节后开学到校，孩子们总会有意无意地在一起讲自己过年收到多少压岁钱。按理说，这也是孩子们的一种正常心理，不足为怪，但发展到非要与人攀比，攀比金额的多少、攀比花钱的大方程度，就太过了。而有的父母一听别的孩子的压岁钱比自己孩子的多，也会感觉不平衡，非要在来年想办法让孩子多收压岁钱，让孩子挣足面子，这就更显荒唐了。

其实，“压岁”不一定非要依靠金钱。古今不用钱为孩子“压岁”的不乏其例。宋代大文豪苏轼给其子苏迈的就是一只普通的砚台，并以亲手刻在砚台上的“以此进道常若温，以此求进常若惊，以此治财常思予，以此书狱常思生”的砚铭激励儿子。如果长辈们在春节送给孩子们的是能够激发引导他们健康成长的“压岁物”、“压岁言”，可能更能提升它的价值，同样是一种良好的风气。

案例：压岁钱的太多负面影响

小丫原来回家讲班里某某收了多少压岁钱、某某又收了多少压岁钱的时候，她爸爸就认真地对她说："每个家庭的情况不同，有的亲戚多，有的亲戚少；有的家经济条件好，有的家经济条件不好，不能在压岁钱上攀比，知道吗?"小丫爸爸想了想又补充了一句："对收多的别眼红，对收少的更不能嘲笑。以后再有人问，你也可以不讲嘛，对吧?"小丫懂事地点点头，对压岁钱的数目不再去羡慕和攀比了。

小丫上小学时，她班里有一个男同学，每年都能收到许多压岁钱。特别是那位同学的爷爷，一出手就给数千元，结果几年下来，孩子手里就有了数万元的存款。压岁钱只是对孩子的一种新年祝福，增添一些节日的喜庆气氛，金额上还是应该有点控制，不宜给得太多。因为孩子毕竟还小，对金钱的概念还比较模糊，手里有了太多的钱，容易产生炫耀心理，花起钱来也就容易失控，有时出去炫耀也容易招致一些不必要的麻烦。小丫上四年级的时候，前面讲的那个小男生就是因为手里钱多，平时花起钱来大手大脚，几乎天天都在学校门口的小卖部里买零食，不知怎么的，竟让人给盯上了。有一天，他上学时被两个年轻人拐骗到了公园，然后他们就给小孩家里打电话进行敲诈。班主任老师早上上课时没见到那男孩，便打电话到他家里，家里人慌了神。后来又接到敲诈电话。万幸的是，孩子到下午平安地回家了，只是受了点惊吓，没有造成更严重的后果。

发生这件事后，小丫班里的同学在压岁钱上攀比的现象就少多了，老师也反复地叮嘱孩子们平时不要乱花钱。

虽然这件事情在我们周围不常见，但仍值得我们深深思索。关

爱下一代是国人的传统，是隐藏在每个人心中不泯的情愫，但是如何关爱却还是有必要深深思考的。具体到压岁钱，还是要根据社会大环境和家庭自身的经济条件，合理控制，金额适当；而对于压岁钱的使用，则更需要做家长的进行合理的指导和教育。这不仅关乎孩子消费观念和金钱观念的培养，更关系到子女的平安。

当今压岁钱是如何消费的

全国少工委办公室与中国青少年研究中心曾对广东、福建、山东、广西、吉林、湖南、安徽、河南、四川、贵州10个省（区）46个市县184所中小学校的5000多名中小学生进行过问卷调查。同时，根据近年来传媒关于压岁钱的一些报道，我们了解了这些“90后”孩子是如何消费的。其主要特征表现为：

现象一：孩子们手中更有钱了。

在拥有压岁钱、零花钱和存款方面，今天孩子兜里的钱和以往孩子相比均有显著增加。孩子们随身携带的零花钱在10元以上的有较大增长。这说明，孩子们拥有的零花钱更多了。5年前调查时，有33人随身携带的零花钱在50元以上；而本次调查，则有29人随身携带的零花钱在50~100元之间，有21人的零花钱在100元以上。

调查发现，春节得到压岁钱1000~1999元的有476人，得到2000~4999元的有196人，得到5000元以上的有45人。

现象二：孩子们每周花费的零花钱更多了。

没有零花钱，或每周消费10元以下的孩子都在减少，而每周消费10元以上的孩子却有大幅度增加。这说明孩子们手里能够自己支配的钱比过去多了，不再是3元、5元，更多的是10元以上。

现象三：孩子们的压岁钱和零花钱主要用于学习和献爱心。

调查发现，有52.3%的孩子有自己的存款。对存款的使用意向也说明少年儿童在消费行为方面的变化。根据统计得知，更多的孩子希望将存款用来买学习用品或做有益的事。

孩子们的存款多用在下列方面：交学杂费、买学习用品、外出旅游、买衣服、请客吃饭、买礼品。由此可见，今天的孩子在消费行为上更为理性，他们大多知道将存款用在购买学习用品、交学杂费、孝敬长辈、投入公益事业、独立以后使用等。

在零花钱使用方面，也体现了大多数孩子理性消费的特点以及爱心。调查发现，孩子们更多的是用零花钱来买文具和课外书籍、刊物（33.5%），其次是买零食（13.2%），再就是捐助给需要帮助的人（12.9%）、给长辈买东西（9.9%）、存入银行（7.1%）、给朋友买生日礼物（7.1%）、买体育娱乐用品（6.3%），等等。

案例：11岁的“富二代”5年捐出7万元压岁钱敬老

2011年4月5日《钱江晚报》报道：清明小长假，浙西小城江山春色宜人。在江山福利院，老人们看着天气好，纷纷出来晒晒太阳。80岁的张爷爷和大家聊着聊着，忍不住夸起一个孩子来：“这小孩子不错，年年给我们捐款，这么有善心的孩子难得啊！”

张爷爷说的孩子名叫王艺凯。是江山实验小学5年级学生。昨天，他刚刚来过江山福利院看望孤寡老人。

就是这个11岁的男孩，从2006年至今，已捐出7万元的压岁钱给福利院的老人。

王艺凯面容清秀，身材略微有些瘦弱。

他爸爸王清云是私企老板，他从小就过着“从来就没有觉得缺钱花”的日子。

他也是半个“留守儿童”：爸爸在外省有公司，一年之中总有几个月在外省打理业务；即便回到江山，也很少有空和他在一起。

“如果不是节假日，我根本见不到爸爸妈妈。”王艺凯说。

在王艺凯的生活里，爷爷奶奶既是长辈，又是老师，还是陪他一起玩的朋友。“爷爷奶奶爱我，我也爱他们，我并不孤单。”

随着王艺凯渐渐长大，他爷爷奶奶也越来越老，时常会患病。王艺凯很小就学会跑来跑去，给爷爷奶奶端茶递水。偶尔听到老人在病榻上发出的痛苦呻吟，王艺凯会难过得失声痛哭：“爷爷奶奶太可怜了！”

5年前，他第一次捐出了自己的压岁钱。2006年春节，刚读一年级的王艺凯收到近2万元压岁钱。

小艺凯并不清楚2万元能买多少东西，只知道是“很多钱”。拿这么多钱来干什么呢？

小家伙想到了爷爷奶奶。可爷爷奶奶也有“红包”。他又想到和爷爷奶奶一样的老人。

那个地方，爸爸一有空就会带他去，还说这些人过得比爷爷奶奶还要苦。

“爸爸，我要把压岁钱捐给福利院的爷爷奶奶！”

听到小艺凯的这个想法，王清云很意外，但随即感到欣喜：“小孩捐这么多钱，数目是大了些，但帮助老人改善生活，有助于孩子的成长。更何况我向儿子承诺过，压岁钱由他支配，我支持他。”

当年元宵节前夕，王清云带着儿子来到了江山市福利院。王艺凯将2万元压岁钱当着孤寡老人的面交给了福利院领导。

他还给老人们讲了一个故事《田螺姑娘》，福利院里的爷爷奶奶都拍手夸他乖。

“那天我儿子很开心，后来他对我说，以后每年都要把压岁钱捐给福利院的爷爷奶奶，让他们高兴。”王清云说。

大家都以为，小孩子随口说的话，过一阵就忘了。没想到小家伙真的做到了，一连5年，他一共捐出了7万元压岁钱。

41岁的王爱萍是王艺凯的班主任兼语文老师，对王艺凯这个小“富二代”，王爱萍喜爱有加：“这孩子很有爱心，经常帮助有困难的同学，是我们班的班长兼语文课代表。”

学校说，王艺凯刚刚获得由省红十字会、省教育厅和共青团浙江省委联合授予的“浙江省红十字优秀青少年”奖杯。

案例：七龄童捐出千元压岁钱助学

“我叫谭玮祺，在南山外国语小学读书，想捐出1000元的压岁钱。”2011年2月中旬的一个上午，7岁的谭玮祺拨打报社热线，表示想拿出自己压岁钱中的1000元，捐给那些家庭困难的小朋友。谭玮祺的妈妈岳女士说，快7岁的儿子每年都会收到两三万元压岁钱，一直由她代为保管没有动用，看到报社连续报道的“南都零花钱慈善工程”，她特意将报上的内容读给儿子听，小家伙主动表示愿意捐出1000元压岁钱。

岳女士家住南山华侨城片区，从事餐饮行业，儿子读小学一年级。由于家庭条件相对优越，亲戚朋友也多，儿子每年春节都要收不少压岁钱。“去年春节就收到了两万多元，今年春节估计还要多一些。”岳女士说，目前已拆开的红包就有5000多元，这几天陆续还在收到大大小小的红包，有些红包打算守守岁，等过了正月十五再拆。

虽定居深圳，岳女士一家早年就投资移民到了澳门，儿子也不例外。“我用自己的身份证开了个专用账户，每年儿子的压岁钱都存进这个账户，多年来分文未曾动用。”岳女士说，明年这个时候儿子就可以办理澳门身份证，到时她会为儿子重开一个账户，将他所有的压岁钱转到新账户，等儿子稍大点交给他自己支配。

“看到一些筹款活动，平时我也会捐捐款，但每次都是以个人的名义。”岳女士说，为儿子存了这么多年的压岁钱，这是她首次以孩子的名义捐款，余下的大部分压岁钱她也会和儿子商量，以各种形式陆续捐给需要帮助的人。“今年暑假打算带儿子去贵州等贫困山区走走，让孩子和贫困家庭的孩子多交流。”岳女士说，若今后报社举办走进贫困山区结对子等公益活动，她一定会带上儿子一起参加，让儿子学会为需要帮助的人献出爱心。

现象四：孩子们的消费地位越来越高。

在如何支配零花钱方面，孩子获得了更大的自由度。他们不再像过去那样什么都听父母的，而是更多地自己做主。在花钱自由度方面，“有时候征得父母的同意”的比例为54.7%，“自己想怎么花就怎么花”的比例为14.3%，而“完全听父母的”选择比例则有所下降，为31%。

这说明孩子们在家庭中的消费地位有所提升，有了自己的主见，不再是父母买什么就穿什么，给什么就用什么，而是在吃、穿、用等方面更渴望自己做主。同时，大人对孩子的管教方式也更加民主，给孩子的零花钱，他们大多不再过多干涉，而是听凭孩子支配。

消费自主权还体现了孩子们在整个家庭消费中具有较大的影响力。一家监测机构在对全国15个城市少年儿童进行消费调查后发现，在与自己生活息息相关的吃、穿、用等方面，孩子们对父母的影响最大，60.7%的中学生表示，在父母为他们购置运动鞋和休闲服、牛仔衣时，他们更能说了算；54.9%的中学生认为他们对父母购买食品有较大影响力。此外，在家庭购置计算机、电视机等花费相对较大的家用电器时，孩子们对父母的购买决策也显现出较强的影响力。可见，孩子的消费地位在提高，在家庭生活中，有越来越多的孩子成为家庭的中心。

现象五：孩子们的品牌意识明显增强。

调查发现，对于“如果你买名牌服装和用品，主要是因为哪个原因?”有60.3%的孩子选择“质量好”，17.6%的孩子选择“好看”，6.8%的孩子选择“流行”，而选择“别人有，我也想有”的仅占3.8%。另外，“怕被别人瞧不起”、“有面子”（2.2%）、“有钱有身份”（1.3%）、“引起大家注意”（0.9%）的均较少，还有4.2%的孩子选择了“其他”。

2006年4~6月，中国青少年研究中心还和央视市场研究股份有限公司合作，在北京、上海、广州、西安、成都、武汉、南京、沈阳等八个城市各抽取1000名13~18岁的中学生进行中国未成年人消费调查。结果发现，72.0%的孩子认为品牌是质量保证，52.3%的认为品牌是身份象征。这表明中学生的品牌意识趋于理性化。他们对品牌的内在价值和外在价值的认可度较高。认为牌子并不能证明什么，重要的是产品本身的比例为69.5%，而表示自己喜欢尝试新的品牌、喜欢明星代言的品牌、喜欢购买国外品牌的比例分别为40.4%、33.2%和23.7%。这表明未成年人具备正确的品牌意识，且更加注重消费的实用性，而不是一味追求品牌。

现象六：孩子们的消费观念与行为常常自相矛盾。

统计发现，绝大多数孩子具有较为理性的消费观念。95.8%的孩子赞成“父母挣钱不容易，孩子应当节约”；81.7%的孩子赞成“从小就要多存钱，少花钱”；81.9%的孩子反对“只要我想买的东

西，父母都应该满足”；81.6%的孩子反对“如何花钱是个人自由，别人无权干涉”；92.0%的孩子反对“一个人花得起大钱才有面子”；87.1%的孩子反对“有钱就能办到一切”。可见，当代少年儿童在消费观念上，基本符合社会主流价值及期望。

然而，考察孩子们的消费行为时又不能不感到忧虑。高消费、攀比消费、盲目消费等行为依然在一部分孩子中存在。调查发现，多数孩子最贵的一件衣服花销均在100～300元。同时仍然有相当比例的孩子存在盲目消费现象，他们有的为了炫耀自己的财富，觉得在同学面前有面子，有的仅仅因为好玩而盲目购买。例如，在小学生当中，重复消费现象严重。一些学生明明有文具盒、书包等用品，且这些用品也大多八成新，但每个新学期开始，都会有学生重复购买新的学习用品。也有些孩子被零食包装袋里附送的小卡片、小玩具吸引，为了集齐卡片或塑料玩具而大量购买零食，最终是扔掉零食，留下玩具或卡片。这类小玩意往往质量较差，做工粗糙。可见，这些孩子都没有正确的消费观念，他们的消费行为常常让人担忧。

由压岁钱引发的弊端

随着人们生活水平的提高，在给小孩压岁钱时已经有些“变味”。这不仅增加了大人的负担，同时更宠坏了“无辜”的孩子。大人们应当“合理”地给孩子压岁钱，更应该教育孩子如何使用好压岁钱，以免在孩子成长时期就开始养成不良的习惯。

通过近几年的报刊、电视报道可以看出，现在的孩子在使用压岁钱上出现了不少问题。比如教育脱节，对钱没有正确的、科学的认识，一旦有了钱，就助长了一部分孩子追求奢华的不良习气。

下面通过一些案例来了解孩子们不正确（或不良）的消费行为。

案例：12 岁孩子两天将万元压岁钱消费殆尽

2011 年 2 月 11 日《文汇报》报道：拿着 5 天收到的 13500 元压岁钱，12 岁男孩小刚激动得睡不着觉。突然觉得自己很富有，于是充起了阔佬，轮番请同学吃饭、打游戏等，两天就将压岁钱全部花光。

孙先生家住哈尔滨，从除夕夜到大年初四，家里没断过来拜年的人，儿子小刚因此得了不少压岁钱。“我一算，他收到的压岁钱有 13000 多元，可两天他居然全花了。”孙先生又气又恼地说。

小刚到外婆家后就开始给小学同学一一打电话，联系上了 20 多个同学，随后在一家高档饭店订了一个包房，并让同学们想吃什么点什么。吃完饭后，小刚还领同学们去打游戏。第二天，感觉良好的小刚继续给刚上初中的同学打电话，随后又是吃饭、打游戏等。两天狂欢下来，小刚的压岁钱挥霍殆尽，只剩下 40 元钱。

案例：儿子为讨压岁钱竟然殴打父亲致死

2011 年春节，本是全家欢度佳节的时刻，但承德市双滦区某村的王姓一家却笼罩着阴霾。

大年初一晚上，为了 100 元压岁钱，王某与其子王 × × 发生争执，结果王 × × 动手殴打父亲致其死亡，王某妻子文某为了替儿子隐瞒犯罪事实，对外谎称丈夫得病死亡。面对警方调查时，文某还谎称是自己打死了丈夫，意图包庇儿子。承德市公安局双滦分局已

对此案展开进一步的调查。

2011年2月9日一大早，家住双滦区某村的一位王姓村民赶到承德市公安局双滦分局报警称，哥哥王某于2月4日非正常死亡，嫂子当天便将哥哥草草埋葬，十分蹊跷，希望公安机关立案侦查。

据承德市公安局双滦分局民警介绍，王某的弟弟与妹妹称，2月5日，王××突然告诉他们，说其父在家里突发疾病死亡。而嫂子文某称，为了不影响大家过年当天就将王某埋葬了。虽然王某的弟弟和妹妹感觉有些奇怪，但处于悲痛中的他们也没有太在意。

2月8日，王某的弟弟和妹妹再次与文某聊起了王某的死因，发现其说话前言不搭后语，想到嫂子平时与王某恶劣的关系，他们认为王某的死因可疑，随后便报了警。

接到报案后，承德市公安局双滦分局民警赶到王某的埋葬地。

为尽快查明案情，刑警侦查员兵分两路，一路到王某家中对其子王××、其妻文某进行讯问；另一路协助承德市公安局刑侦支队法医对王某进行开棺验尸。

经检验，法医确定王某系被外力伤害致死。经走访，侦查员了解到文某经常打骂王某，王某死后，又被匆匆埋葬，于是确定文某有重大作案嫌疑。经审讯，文某开始谎称是自己将丈夫殴打致死，后查实王某系被其儿子王××殴打致死。文某涉嫌隐瞒包庇。

警方查明，2月3日，王某的母亲给了孙子王××100元压岁钱，但钱是交到王某手里的。得知此事后，18时许，17岁的王××开始向父亲讨要。喝了酒的王某拒不归还。

王××以为父亲真的不愿意归还，大吵大闹并开始脚踢父亲。文某非但没有阻拦反而参与了进来，不时出手打两下，两人一直把王某打得不再反抗。

文某见丈夫一动不动，便和儿子将其抬到床上，而王××则跑出去上网。2月4日9时许，文某突然发现王某已经死亡，这才慌了神。

为了掩盖犯罪事实，当天，文某对外称王某突发疾病死亡，怕夜长梦多引起王某家人的怀疑，她执意于当天埋葬了王某。

目前，文某、王××已被刑事拘留，案件正在做进一步调查。

案例：7岁小孩酒楼请客

一天傍晚，某晚报的记者来到位于福田区皇岗食街的一家酒楼。刚坐下来不久，有6个看上去才七八岁的小孩进来了，其中3个男孩、3个女孩。几个小孩一进酒楼，便端坐在桌边，招呼服务员过来倒茶送水，很是神气。其中一个稍微大一点的小男孩要过菜谱，随口就点出几道菜，其他的几个小孩也点了自己喜欢吃的菜。记者在旁边看到，这些小孩点的都是高档菜。菜都上齐了，几个小孩开始吃了起来，其中有一个小孩还向服务员嚷嚷着要酒喝，被拒绝。小家伙们边吃边聊，开始谈论起春节收压岁钱的事。记者在旁边听到，其中最多的一个小孩收了12000多元压岁钱，最少的也有几千元。于是，记者问其中的一个小男孩是否经常来酒楼吃饭，小男孩说父母过年期间天天带他到酒楼吃饭，他自己也会偷偷到酒楼吃饭，因为酒楼的菜很好吃又很方便。小男孩还说，这次是和几个好朋友一块出来吃饭，是他请的客。没到半个小时，这几个小孩都不想吃了，便叫服务员来结账，这一桌菜竟然花了2000多元。

案例：中学生成KTV歌厅“常客”

2011年春节期间，某市电视台记者在一家KTV门口碰到了一群

中学生，当时已近晚上12时，记者看到，这群少年正说着笑着离开KTV。“这些天晚上来唱歌的有不少是学生，很多都唱到半夜才走。”这家KTV的服务生告诉记者，春节期间，KTV的生意特别好，有许多小客人还是直接从红包里抽钱付账的。

市区内运河路一家KTV的负责人汤先生告诉记者，因为唱卡拉OK是一项时尚的娱乐活动，遂成为寒假期间很多学生消费的首选。他所在的这家KTV目前有30多个包间，假期每天总共要开出200多次，而其中六成的消费者是学生。据汤先生介绍，这些来唱歌的学生大多是年龄在13~17岁的中学生，通常是和同学、朋友结伴而来，消费时间多为三四个小时。由于这家KTV设置了一定的优惠时段，因此中午12时到下午6时，有钱又“有闲”的中学生都爱来这里当一把K歌王。

记者粗略地算了一笔账，按照一个小的包间每小时39元计算，3个小时的房间消费就要117元，再加上在KTV的超市购买饮料、小吃等的费用，唱卡拉OK一次至少要花掉二三百元；而如果是夜场的话，一次的消费更是接近千元。这对于经济来源全靠家长供给的中学生来说，“想唱就唱”的成本还真不低。

案例：一周花掉3000多元

“孩子的压岁钱如果不管，没几天就会花光的！”祁女士告诉记者，她有一个亲戚的儿子在一周的时间内居然花去了3000多元压岁钱。

祁女士说，她亲戚的儿子今年已经18岁，今年是第一次行使压岁钱的“自主权”。正月初八那天，当孩子的母亲问他今年收了多少压岁钱时，才发现孩子的压岁钱所剩无几，一追问，原来他自己买了一双1000多元的名牌运动鞋，还请同学吃饭、唱歌，不知不觉竟将压岁钱花得差不多了。孩子的母亲很生气，第一次打了儿子。没想到，那孩子还回了一句："同学们都是这样的，压岁钱吃光用光。我难得用一次，不用没面子。""看到亲戚的例子，我都不敢再把压岁钱交给孩子自己管了，他拿去乱花，养成坏习惯就不好了。"祁女士说。

案例：消费高档的游戏机

在一家电脑公司里，有四五个中学生正在选购一款游戏机，这款游戏机价格高达800多元。据该店一位员工称，从正月初四开始，来买游戏机的几乎都是中学生，而且，他们买的均为比较高档的游戏机。他们不会讲价，标价多少他们就给多少。

另在星湖路电子科技广场，一位卖MP3的老板向记者透露："春节过后的生意比年前还要好，买MP3的学生很多，今天我已经卖出了8台，价格都在400元以上。"

案例：9岁小学生聚众赌博斗地主输掉5000元压岁钱

过春节，孩子们有了压岁钱成了"小富翁"。家住某市和平小区的小学生乐乐（化名）和他的3名小伙伴竟然染上了"赌"瘾，4个小学生3天输掉了5000多元压岁钱。得知内情的孩子家长在律师的帮助下要回了部分输掉的压岁钱。

9岁的乐乐吞吞吐吐地向记者讲述了事情的经过。乐乐说，春节期间，他和3名同住一个小区的同学每天都凑到一块玩，有时候还比比谁挣的压岁钱多，他们商量着不能把压岁钱全部交给家长。3天

前，他们加入到几个大哥哥的打牌赌钱游戏中，在大孩子的引诱下，他们学起了“斗地主”，第一次赌钱，4 个小学生很快就输掉了几百元。

头一次赌钱的孩子们，输掉钱后回家也不敢吱声，家长也没有过问压岁钱到哪儿去了。为了赢回输掉的压岁钱，第二天，4 名小学生又找到那几个大孩子“斗地主”。结果是赢少输多。3 天时间里，4 名小学生竟然输掉了 5000 多元。几个孩子当天晚上吓得不敢回家，在家人的一再逼问下，乐乐才说出了真相。

山东一诺律师事务所的蓝孝峰律师在接受记者采访时称，赌博是一种违法行为，通过这种行为获得的财物法律不予保护，严重的还将受到治安管理处罚，甚至要承担一定的刑事责任。4 个孩子在无知的情况下赌钱，可以向对方讨回自己输掉的钱。

于是，乐乐和另外 3 名小学生的家长在律师帮助下，找到了同住一小区的几个大孩子，要回了部分输掉的压岁钱。

案例：800 元压岁钱买了 15 克 K 粉

有一天凌晨 4 点多，泉州鲤城刑侦市区中队接到举报，在辖区一居民区，抓获 2 名正在吸食毒品 K 粉的男子。其中一翁姓男孩今年 14 岁，是市区某中学初三学生，另一男孩陈某今年 18 岁。当晚 2 人到市区某酒店参加一个朋友的生日宴会，至凌晨回家，翁某拿出 K 粉，与陈某共同吸食。刑警当场搜获 K 粉 2 小包共 14 克。

翁某供认，正月初五晚 11 点多，他在市区一酒吧，拿出 800 元压岁钱，向一个名叫“阿三”的男子买了 15 克 K 粉。

翁某家境中等，父母都是普通职员，他自幼是学校的优秀学生，颇得亲友喜爱，每年春节都能得到很多红包，总额在万元上下。他说，家里只限制他不准打游戏机和沉溺网吧。和班里同学一样，他的压岁钱多用于吃请。正是因为吃请接触酒吧，才知道有K粉，他只是好奇想试一下。

“如果没有这么多压岁钱，你会吸毒吗?”对于记者的问题，翁某作了否定回答。他略作思考后又说：“要是有人帮着管钱，或者教我怎么合理花钱，也许不至于发生这种事。”

初三学生吸毒被抓，引起警方、校方和教育部门的高度重视。

泉州鲤城刑侦市区中队蔡祥江中队长说，尽管只是初吸，但14岁的初中生吸毒，还是让他感到震惊。他说，警方对吸毒低龄化，要有更有效的预防教育措施。他呼吁家长们协助未成年子女，管好用好压岁钱，同时要限制子女到娱乐场所，建议中小学校抓住这一典型，教育学生正确对待压岁钱。

泉州某中学政教科王主任说，中学开展压岁钱教育不如小学多，过去一些学校尝试“红领巾银行”的做法，即把学生压岁钱上交教师，再分别以学生名义存入银行。但现在涉及开户实名制。这一做法已行不通，部分家长也不同意。他表示，学校只能通过品德教育，使学生养成节俭习惯，树立正确的人生观、金钱观。现在压岁钱越来越多，如果家长管束不力，压岁钱会变成孩子学坏变坏的诱因。

案例：高档消费日趋呈现低龄化

某天中午，某市开发区一家酒店大厅里，5个年轻人正在吃饭谈笑。如果不说，很难看得出他们都是中学生，最大的17岁，最小的只有13岁。

李明是一行5人中最大的，今年17岁。他的爸爸在加拿大工作，妈妈去年也去了，现在他和奶奶一起住，他说等初中毕业后他

就可以去国外继续念书。其余3个男孩子家庭条件都和他差不多，他们4个是在哈尔滨市某英语学校学习时认识的，大家都是为了补习英语然后准备出国留学的。年龄相仿又谈得来的他们很快走到了一起，经常结伴出来玩。婷婷是一行人中唯一的女孩子，今年15岁，正在读初二，身高175厘米的她2010年在一个选秀活动中获了奖。婷婷经常化妆，很小就会"应酬"，和男孩子在一起，她一点都不拘谨，一手夹着一根香烟一手端着一杯红酒。平时，婷婷还很懂得用高档服装和香水来提升自己的"女人味"。据介绍，每个周末，蹦迪、泡吧、去游乐园等都是他们的固定节目，大家轮流做东，每个人出手都很大方。这5个孩子都有手机，而且全都是市场上的最新款机型。"我们没有去偷去抢，只是在力所能及的条件下享受一下生活。况且，每个人的命运都不一样，有人需要加倍努力，有人天生就有好爸爸好妈妈或是一个好的家世，只需要一点点努力甚至不需要努力就可以衣食无忧、前途远大——李嘉诚是成功的，李泽楷也不能算失败吧?"李明娴熟地点燃一根"骆驼"香烟，不屑地说道。

据了解，儿童和青少年消费攀高现象日益升温。一个幼儿园的4岁小孩，身着米奇的外套、巴布豆的T恤、丽婴房的裤子和阿迪达斯的休闲鞋，整套装备下来要逾千元。十几个小学毕业的同学聚会的一顿饭竟然也要花去1000多元，赴宴的同学实行AA制，每人出资100元。一个初中女生过生日时收到的同学送来的礼物有双层蛋糕、进口护肤品、名牌运动包、健身卡……一些孩子把过生日时来祝贺同学的多少、收礼物的轻重作为衡量自己有没有"面子"的标准。而一个大学生每月在校外租房、上网费、手机费、唱歌吃饭费和人情往来的费用最高时可达三四千元。

根据一位中学教师的讲述，近年他们曾在全校初一年级8个班

500多名学生中做过一项调查，结果显示：近一半的学生有属于个人的银行存款。在有存款的学生中：千元以下的占34%，1000~2000元的占54%，2000元以上的占12%。

每当过完假期在新的学期来临之前，市里各大商场或专卖店里的文教用品、服装鞋帽等柜台生意就异常火爆。100多元的电动铅笔刀、200多元的波姆斯童装以及一两百元一个的印有米老鼠图案的书包等都卖得很好。一些中学生和大学生则到体育用品专卖店选购，价格三四百元的运动鞋或运动衫是许多追赶潮流的孩子的“闪亮的装备”。

通过以上案例可以看出，孩子们的压岁钱越来越多，存在的问题越来越突出，应当引起全社会共同关注。家长、学校要吸取教训，引导孩子将压岁钱用于合理、健康的方面，制止孩子胡乱花钱的行为。

压岁钱的异地风情

压岁钱，牵系着一颗颗童心，也蕴藏着天下父母殷殷之心。

中国澳门特区：压岁钱被称为“利市”

大年初一发“利市”，大人小孩都有份。澳门人过年是从腊月二十八开始的。腊月二十八日在粤语中谐言“易发”，商家老板大都在这晚请员工吃“团年饭”以示财运亨通，吉祥如意。而到大年初一这天，澳门人讲究“利市”，“利市”即红包。这天老板见到员工，

长辈见到晚辈，甚至已婚人见到未婚人都得给“利市”。“利市”一般寓意着吉祥。

中国香港特区：压岁钱被称为“压肚腰”

香港的压岁钱风俗发源于潮汕地区一带的春节习俗，长辈要分钱给后辈，能挣钱的后辈也要送钱给长辈。这些钱不能直愣愣地送，而要很讲究地装在一个“利市”包中，或者用一块红纸包着，俗称“压肚腰”。特别有趣的是，小孩临睡前，父母必将一张大面值钞票放在小孩的兜肚中，睡醒后即将钞票取回。

据凤凰卫视报道，香港人的压岁钱现在一般在一二十元的“低价位”运行，即使百万富翁给这样的红包，也是天经地义的，跟抠门绝对沾不上边。因为这个习俗，香港还专门发行20元的面钞。

中国台湾地区：年龄不同，有所差异

台湾地区的传统是年夜饭之后，便是长辈们给子孙赠送“压岁钱”的时候，给法也很有特点：年龄大的孩子，其“压岁钱”是用红纸预先包好递到他们手里的；而年幼孩子的“压岁钱”，则是大人们事先用红线绳缠好并系成一个小套环，套在他们颈项上。形式不同，寓意一样，都是希望儿孙们在新的一年里逢凶化吉，遇难呈祥。

日本：压岁钱叫“年玉”

日本人也和中国一样，过新年也有给小孩子送压岁钱的。不过最早的时候，日本的压岁钱“年玉”不是钱，而是年糕（餅）；也不是大人给小孩，而是亲朋好友互相赠送。年糕在日语中也叫“餅玉”。

在中世纪的时候，“年玉”主要是扇子、笔、砚、纸、酒这些东西，因行业不同而有差别。至于现在，年玉也不仅是现金，文具和玩具以及绘本等都可以。

新加坡：压岁钱十分吝啬

在新加坡过年极其轻松，人情往来、贺岁拜年、请客送礼都十分简单。上门拜年，多是两个柑橘象征吉利，也发压岁钱，但是新加坡家长给孩子派发“红包”，数量多而分量轻。他们给的对象是孩子和未婚的男女青年。不论是有亲情关系的孩子和青年男女，还是没有亲情关系的孩子和青年男女，只要在节日里问候、来往都给“红包”。

然而，打开“红包”抽出的是一张贰元票面的新币或两张贰元票面的新币，最多的是拾元。节后，孩子们互问的是你拿了多少个“红包”，而不问你拿了多少压岁钱。新加坡人说，“红包”的作用只在于给孩子节日的气氛，增加家庭的温馨，是区别其他节日的一项内容。

韩国：发“白包”的怪习俗

韩国把春节叫“旧正”，与新年称“新正”相对应。大年初一，要举行郑重庄严的“祭礼和岁拜”仪式。吃完大年初一的第一顿“岁餐”（韩国把新年期间的任何食物都叫“岁餐”）——“米糕片汤”之后，就要开始举行“岁拜”了。家中晚辈此时要向父母长辈

拜年磕头，感谢父母的养育之恩，祝福父母健康长寿。此时，长辈要把包好的“压岁钱”给晚辈。和许多国家习惯送“红包”不一样，韩国人给压岁钱用的是白纸包，因为古代的韩国人崇尚太阳和纯洁的白色，认为白色象征洁净、清晰。这也正是韩国文化的表现之一。

现在韩国人给的压岁钱就他们的收入水平来说，并不算多，通常他们会根据孩子的年龄段而给不同金额的压岁钱。一般来说，给读小学的孩子 5000 ~ 10000 韩元（1 美元约合 942 韩元），给初中生 10000 ~ 20000 韩元，给高中生 20000 ~ 30000 韩元。

韩国统计厅的一项调查结果显示，在 2007 年农历新年里，全国 832 万名各级学校的学生平均每人收到 8 万韩元的压岁钱。90% 以上的学生表示，一年当中最渴望过的节日是农历新年，因为可以收到压岁钱。

近年来，越来越多的韩国人感到自己每年的薪水在按一定比例上涨，但迫于物价上涨等压力又无法提高给晚辈的压岁钱金额，多少有些颜面无光。一些银行和连锁书店相继推出各种既经济又有新意的“压岁钱”，很受人们推崇。

韩国外汇银行去年首次推出“外汇压岁钱”，两天就被全部抢购。今年该银行再次限量销售 10 万套 3 种套装的“外汇压岁钱”。每套“外汇压岁钱”由美元、人民币、欧元、加元和澳元 5 种货币中的 3 ~ 5 张纸币组成，售价分别定为 1. 35 万韩元、3. 45 万韩元和 4. 85 万韩元。

意大利：压岁钱与女妖有关

意大利人在除夕的夜晚要把家里不需要的物品扔到院子里或干

脆扔到野外去，据说这样会在新的一年里给家里带来幸福。此外，人们总在这时给孩子们讲关于女妖的童话故事，称女妖偷偷地从烟囱钻进屋里，给孩子们送来了压岁钱和礼物，放在他们的鞋子里。在这里，女妖履行着相当于圣诞老人的职责。

法国：趁着清醒发压岁钱

法国的新年本来是每年4月1日，直到1564年，国王查理九世才把它改作1月1日。1月1日一大早，父母就会趁着自己还清醒的时候给孩子发“压岁钱”，以表示对子女的关爱。因为到了这天晚上，法国人要合家团聚，围桌痛饮香槟酒。按照传统，这一夜每个家庭都要喝掉所有的藏酒，以避免来年遭厄运；所有的人都应该喝得酩酊大醉，这样新一年才会有新开始。

朝鲜：压岁钱叫“岁拜钱”

在朝鲜，农历新年期间，小辈给长辈拜年被称为“岁拜”。这一自古传承下来的传统至今盛行。接受跪拜大礼的长辈们除了嘱咐孩子们诸如“好好学习”之类的话语外，还会给他们一些“问安费”，亦称“岁拜钱”，也就是中国所称的“压岁钱”。

朝鲜还有给稻草人发压岁钱的习俗。朝鲜人在新年时，家家户户贴对联和年画。有的人家在门上贴上寿星或仙女的画像，祈求上天保佑，驱走鬼魅，赐给幸福。元旦黎明，人们把一些钞票塞进除夕预先扎好的稻草人中，扔到十字路口，表示送走邪恶，迎接吉祥福星。黄昏，人们又将全家人一年中脱落的头发烧掉，祝愿家人四季平安。元旦这天少女们头戴一种麻质的帽子，称为“福巾”，身穿

带花纹的五色彩衣，进行荡秋千比赛。她们以一处树花为目标，谁先踢到或咬到为胜，也有在高处挂上铜铃的，以先碰响者为冠军。

希腊：压岁钱藏在蛋糕里

每年的 1 月 1 日，是希腊民间传统的年节——元旦，家家户户都要做一个大蛋糕来庆祝。做蛋糕时，主人会把压岁钱（通常是一枚银币）放入其中，谁吃到了它，就意味着谁是那一年最幸运的人。

苏格兰：压岁钱丢门口

苏格兰人在元旦前夕，家家户户门前都会放着一些金钱，没人看守，盗贼和乞丐在这天晚上，看见了也不动分毫。因为当地风俗是新年前夕，把金钱放在门外，翌日新年降临，大清早打开门时，就看见门口有金钱，取其“一见发财”之意。

西班牙：人人携枚压岁钱

西班牙人在新年前夕，所有家庭成员都团聚在一起，以音乐和游戏相庆贺。午夜来临，12 点的钟声刚开始敲第一响，大家便争着吃葡萄。如果能按钟声吃下 12 颗，便象征着新年的每个月都一切如意。元旦这天，最忌孩子们骂人、打架和啼哭，认为这些现象是不祥之兆。所以，元旦时大人总是尽量满足孩子的一切要求。同时，这天不论大人小孩人人身上必携一枚金币或铜币以示吉祥。

文莱：压岁钱不叫“红包”而叫“绿包”

文莱过春节，最有特色的活动要数“开门迎宾”。春节期间，人们会打开门户，欢迎左邻右舍、亲朋好友登门贺年，互致问候。当地马来人还有带小孩外出拜年的习惯，主人一般都要给小孩子压岁钱。但文莱压岁钱外包装是绿色的，所以不叫“红包”而叫“绿包”。

第二章　支配压岁钱、轻松学理财

王谆在春节时收到了几千元的压岁钱。可把她乐坏了，也把父母乐坏了。因为父母早已打上了孩子压岁钱的主意。

妈妈："谆谆，你有多少压岁钱?"

王谆："3560 元。"

妈妈："你打算怎么用这笔钱呢?"

王谆："还没想好呢，过几天再告诉你。"

妈妈："不用过几天告诉我了，我现在就可以给你出一个主意，你把压岁钱放在我这里。我负责为你保管，你什么时候要花钱找我拿，怎么样?"

王谆陷入了疑惑，有点不相信妈妈。因为往年妈妈也是这么说的，但是到最后压岁钱总是被妈妈"吞掉"。

妈妈见状，又说："你放心，我保证听你的，只要你让我把钱给你，我随时都会给你。"最终王谆被妈妈说服了，乖乖地把钱交给了妈妈。

但事实上，当王谆找妈妈要钱的时候，一切都不是妈妈所说的那样。有时候妈妈不高兴，就不太搭理王谆；有时候妈妈觉得王谆要得太多了，就克扣一点。最后，3560 元的压岁钱王谆只花了不到 800 元。从那以后，王谆再也不把压岁钱给妈妈了。

春节到了，孩子们的口袋就会装满压岁钱。现在生活水平高了，压岁钱的数目也越来越大。据有关数据显示，有不少孩子的压岁钱已经上千元，多则上万元。面对这笔不小的“财富”，如果孩子不懂得正确地管理和使用，很容易染上盲目消费、乱花钱等坏习惯。对此，不少家长认为，孩子没有必要掌管那么多钱，于是要孩子把压岁钱上交，代替孩子处理。

很多家长对孩子的压岁钱采取了没收的办法，仅给孩子留一点零花。家长们有充分的理由：在孩子们收到压岁钱的同时，自己也送出了压岁钱，没收孩子的红包才能收支平衡。

但是很多家长在没收压岁钱时遭到了孩子的激烈反对，家长常女士多次与儿子商量，希望能替他管理压岁钱，但是儿子坚决反对。儿子说：“压岁钱是爷爷奶奶、外公外婆、叔叔阿姨对我的奖励，使用权应该归我。”然而，他仅仅把压岁钱用来吃喝玩乐，这让常女士非常不放心。

那么，孩子的压岁钱全部上交好吗？对于这个问题，一些专家表示，压岁钱相当于孩子的一笔可支配收入，没有必要全部上交，可以让孩子自由支配一部分压岁钱用来购买自己喜欢的东西，如向往已久的图书或一款中意的 MP4 等。

教育专家认为，我们鼓励孩子花钱，只是让孩子认识金钱的价值，同时满足自我需求，让孩子学会用钱解决问题，并在此过程中提升价值认识，形成正确的消费观，节约的美德不能丢。过去家长大都持有谨慎的生活态度，要把孩子的压岁钱存起来。但现在可以让孩子适当体会一下简单的快乐。

对待压岁钱，做父母的不要仅仅依靠没收这样的方法，应尽量与孩子多沟通。同时，利用孩子收到压岁钱的机会教孩子一些理财的知识，教导孩子如何管理和规划这笔钱，使孩子从小体验到财富积累的艰辛与合理收支的乐趣。这样才是真正实现了压岁钱的意义。

对压岁钱的错误认识

一个13岁的男孩在过年时给长辈们打电话，告诉他们今年自己压岁钱的最低限度不能低于500元，还指定外公外婆、舅舅舅妈今年过年该给多少压岁钱。后来男孩的妈妈从亲友那里得到此消息，感到尴尬不已。

得到压岁钱后，这个男孩发现二舅没有按他的要求给，就非常生气，认为二舅对自己不好。几天之后，这个男孩把几个同学邀集过来。每人出几百块钱去吃饭、KTV，然后接连两天晚上在网吧，压岁钱很快被挥霍得所剩无几。

过大年，穿新衣，给孩子几个压岁钱，让家庭增添喜庆的气氛，让孩子高兴高兴，这本没有什么不妥。给多给少完全是长辈的心意，应由长辈来决定。

但是如今有不良的风气在孩子身上显现出来，要多少压岁钱孩子说了算，只要一张口，大人就得给，这其实就是一种对压岁钱的认识误区。当然，不少孩子对压岁钱的理解很狭隘，陷入了很多误区，作为家长，有责任、有义务帮孩子走出这些误区，并利用此契机对孩子进行相应的教育。

误区一：认为大人给自己压岁钱是应该的

在某些孩子看来，过年时讲一句“恭喜发财，红包拿来”，就能得到压岁钱，似乎父母长辈以及亲朋好友给自己压岁钱是天经地义、理所当然的，是他们义不容辞的责任。正因为有这种不正确的想法，他们在接受压岁钱时就接得心安理得，花起来也大手大脚，没有珍惜和节约的意识。

作为家长，应该这样教导孩子：长辈给晚辈、大人给小孩压岁钱，并不是一种义务，而是表达爱的一种方式，包含着对你的祝福和期待。因此，你应该学会珍惜和感恩，学会节俭和知足，并用自己的实际行动回报这份厚爱。

误区二：把压岁钱的数目视为衡量爱的尺度

有些孩子认为，谁给我的压岁钱多，谁就更喜欢我，更爱我，我就跟谁好；谁给我的压岁钱少，谁就对我有成见，或不太爱我，我就不高兴。这种理解实在荒谬至极。如果不早一点纠正孩子的这种想法，会使孩子变得是非不分、黑白颠倒。

作为家长，应该让孩子明白：长辈、大人给的压岁钱，取决于他们各自的经济实力、与自己家庭的关系以及其他很多微妙的因素，无论他们给多给少，都是一番厚重的心意，绝不能与爱的多少直接画等号。

误区三：压岁钱只能是钱，不然不能叫做压岁钱

过年的时候，有的大人不直接给孩子钱而是换作其他东西，例如一本精致的图书、一本精美的相册等。有的孩子遇到这种情况就不高兴了，觉得没有给自己压岁钱。孩子们觉得，压岁钱当然应该是钱，不然为什么叫压岁钱呢？

作为家长，应该告诉孩子：“没有人规定一定要给钱。压岁钱只是表达爱和祝愿的方式，压岁钱的含义非常广泛，除了现金，像有教育意义的书籍、影碟、光盘，有利于智力开发的玩具等也可以作为压岁钱送人，这些非常有意义，同样值得珍惜。”

误区四：压岁钱就是随便花的零花钱

当孩子较小时，他们往往会把压岁钱交给父母保管，但当孩子到了一定的年龄，他们往往认为压岁钱就是自己的零花钱，而且当父母要求他们把这笔钱用来交学费、买学习用品，他们会很不愿意。

作为家长，应该让孩子知道：你在收到压岁钱的同时，爸爸妈妈也支出了相当数额的压岁钱给亲人家的孩子。因此，家里会因此增加不少开支。所以，你拿出一些压岁钱来支付学费完全是应该的，这样家里的收支才能平衡。

另外，还要让孩子知道，即使他有权支配压岁钱，也应该把钱用在正当的地方。如果把压岁钱用在吃喝玩乐上，造成铺张浪费，那压岁钱就失去了意义。

误区五：攀比压岁钱上能显示自己的家庭地位

春节过后，孩子们来到学校就互问："你今年的压岁钱有多少?"压岁钱多的孩子常常眉飞色舞、趾高气扬；压岁钱少的孩子则垂头丧气、自惭形秽。孩子们攀比压岁钱，容易滋生不良的心态，助长他们的虚荣心，这对孩子的成长是不利的。

作为家长，应该让孩子明白：压岁钱的多少，与你家庭经济实力、你受欢迎程度的关系不大，也不是自身努力的结果，根本没有必要为此骄傲或自卑。应该和别人比的是自己的学习、人品、表现、能力，而不应该是压岁钱的多少。攀比压岁钱是一种很无知、很无聊，也很愚蠢的事情，应该尽早走出这种误区。

压岁钱如何运用在学习上

马上要到新的学期了，晓明在妈妈的带领下来到商场，用自己的压岁钱买学习用品。他看中了一个带有米老鼠图案的文具盒，花掉了20元；然后，又买了一个带有唐老鸭图标的书包，花掉了60

元。之后，晓明又在妈妈的指导下，批量购买了圆珠笔和作业本，这些学习用品足够一个学期的用量。

购买这些学习用品的钱，全是晓明从自己的压岁钱里拿出来的，妈妈没有出一分钱。对于晓明的这种选择，妈妈表示支持，她说："以前儿子总是把压岁钱用来买零食，零食吃了压岁钱也没了，现在他买了学习用品，可以陪伴他走过一段学习和成长之路。这是有意义的事情。"

随着家长收入的增加，孩子的压岁钱也水涨船高，一些家长越来越意识到引导孩子合理花费压岁钱的重要性。因此，开学前夕，父母便带着孩子选购学习用品。

张先生带着女儿买了一台学习机，花掉了一千多元，他说："孩子今年过年期间收到将近2000元的压岁钱。这么多钱对于年纪还小的她来说，如何合理支配还是个难题，与其让她把钱用来吃喝玩乐，不如引导她买一个用得着的东西。"

让孩子用压岁钱购买学习用品，具有双重意义。首先，孩子用压岁钱买了学习用品，就极大减少了孩子在吃喝玩乐方面的不合理消费，这是一种节约；另外，孩子买了学习用品，父母就不用再掏钱给孩子买了，这又节省了父母的金钱。除此之外，还能让孩子明白：比起买吃的玩的，压岁钱还有更重要的作用，按照自己的意愿买自己想要的文具，学习时的感觉也会更好。

据了解，近年来越来越多的孩子用压岁钱买数码产品，如电脑、MP4、相机和手机等，事实上这些东西对孩子来说还用不上，例如孩子买了电脑，一旦自制力不好，就容易染上网瘾或是迷上网络游戏。与此相比，引导孩子购买少儿读物、具有教育意义的图书是不错的选择。在孩子购买图书的时候，家长应在一旁给孩子适当的指导，以避免孩子买一些不适用的书。

压岁钱可以作为教育基金

马上就要开学了。妈妈把十岁的女儿叫到跟前，说她朋友的孩子每年都有五六百元的压岁钱，每次开学报名的时候就用来交学费，从来不乱花钱，大家都非常喜爱他。

接着，妈妈对女儿说："还有几天就开学了，你的学费怎么办呢？"

女儿很利落地回答："不用担心，我有压岁钱，可以用来交学费。"

妈妈继续问道："你的压岁钱够交学费吗？万一不够怎么办？"

女儿想了片刻，说："万一不够就爸爸妈妈拿钱来凑，这样不就够了吗？"

妈妈笑了，说："那你有多少钱？"

女儿沉思了片刻说："不知道，我已经忘记了。"

几天后，女儿把自己的压岁钱全拿出来了，当她交完学费时，脸上满是自豪，她对爸爸妈妈说："我是用自己的钱去读书的。"

很多孩子习惯性地认为，上学读书应由爸爸妈妈出钱，而将自己收获的大笔压岁钱视为私有财产，只用来为自己服务。这种想法是自私的。作为家长，不能纵容孩子的这种想法，应该通过教育引导、鼓励孩子将他的压岁钱拿出来交学费。

然而实际上，调查显示，在收到压岁钱的孩子中，90% 的孩子表示会购买玩具，80% 的孩子表示会用压岁钱请客、买食物，只有 10% 的孩子愿意把压岁钱存起来留着交学费。正是因为担心孩子把压岁钱花在不正当的地方，有许多家长总是把孩子的压岁钱收归“家有”，但这又引起了孩子的不满。

我们可以看出，把孩子的零花钱收归“家有”并不是可取的方法，让孩子把压岁钱花在吃喝玩乐方面也是不行的。所以，这就要求家长多与孩子沟通，让孩子明白虽然压岁钱有相当一部分是来自其他长辈，但是在他收到别人的压岁钱的同时，家长也给了别人孩子压岁钱，这就是说，孩子手头上的压岁钱其实是父母的财产。接着告诉孩子，如果你将这笔钱胡乱花掉，就等于浪费了父母辛辛苦苦赚来的血汗钱，让孩子明白大手大脚地把钱花在吃喝玩乐上是不对的。

其实，很多家长给孩子交学费并不缺钱，让孩子用压岁钱交学费的目的是培养孩子正确的金钱观，让孩子对金钱的价值有更深刻的认识，从而逐渐学会理财，同时，为自己交学费，孩子也会从这种行动中培养自己的责任心。

压岁钱可以买保险

李玉婷在春节时拿到了8000元的压岁钱，对于这么多的压岁钱，李玉婷的父母商量后决定帮女儿购买保险。他们是这样考虑的：首先，购买保险是一种理财方式，今后可以获得不小的收益，对孩子理财观念的培养很有意义；其次，女儿顽皮好动，需要意外伤害保障。就这样，李玉婷的妈妈教导女儿为自己购买了保险。

春节过后，孩子压岁钱不少，怎样花这笔钱呢？理财专家建议家长，不妨为孩子购买一份少儿保险，不仅可以帮助孩子养成良好的理财习惯，还能为孩子未来的教育资金做好保障。

让孩子用压岁钱买保险，是花小钱办大事。这类产品的功能既有风险保障，又有教育金储备功能。每年用压岁钱缴费一次，积少成多。比如太平人寿推出的太平理财小当家，每年将压岁钱存入，既可以作为孩子的教育基金，还可以让孩子享有18种重大疾病的保险保障。中国人保财险推出了“乖乖宝”和“状元宝”储金型保险卡，是一种保险储蓄功能兼具的保险。出险可理赔，无事当存钱，若干年后就可以一次性领取。既可以作为孩子的新春压岁礼包，还可以送给亲朋好友的孩子。

举个例子说明一下，假如王先生的儿子得到了5000元的压岁钱，以购买某保险为例，10年的缴费期限，共缴纳50000元。从第10个保险周年日起。每年都可以从保险公司领取6000元年金，共获得60000元年金，此外还有20年的累计分红。同时，还能为孩子提供身故保险保障，以及10倍所交保费的意外伤害保障，保障金额最高可达200万元。

保险专家提醒家长，在为孩子挑选保险时，最好选择有豁免条款的少儿保险产品。在合同期内，一旦投保人因为意外原因丧失缴费能力，可以豁免未缴的保费，孩子的保障依然有效。

目前市场上的少儿保险主要分为少儿医疗险、少儿意外险和少儿教育险三类，为孩子买保险时，家长不应贪多，而应根据家庭的实际情况购买。例如，孩子顽皮好动，安全意识不强，你可以为其购买意外伤害险；孩子身体不好，你可以为其购买医疗险；孩子身体很好，你身体很好，你可以为其购买少儿教育险。当然，这应说服孩子用压岁钱来购买。

然而，毕竟孩子对保险了解不够，怎样说服孩子心甘情愿地把自己的压岁钱用来购买保险，对家长来说是一个难题。一位母亲是这样做的，她给儿子写了一封信，表达了为他投保的想法：

儿子，过了年你就十岁了，有些事情你应该了解一下。每年过年，你都能得到5000元左右的压岁钱。以前，妈妈给你开了一个账户把钱存了起来，但是随着你的长大，今年我和你爸爸商量了一下，决定换种方式给你压岁钱。今年除夕全家团聚的时候，你将收到一个特殊的“红包”，那是爸爸妈妈花费了很多心思为你挑选的儿童保险产品。

儿子，你的人生道路非常漫长，妈妈希望你健康快乐的同时，不断提高自立能力。所以，从明年开始，你就要学会用自己的压岁钱缴保险费，开始你人生的第一笔理财。当然，妈妈需要告诉你这样做的理由。首先，你的身体一直比较虚弱，这份保险能给你提供很好的医疗保障。这样，爸爸妈妈就不用再为你的感冒发烧、头疼脑热发愁了。其次，再过几年你就要上高中，然后上大学了，这对我们这个家庭来说是一笔很大的花费。这份保险可以帮我们的家庭分担一部分费用……

“金融管理”在压岁钱上的运用

詹女士的儿子从六岁就开始打理自己的压岁钱及其他的钱财。孩子有一个账本，对每笔收入和支出都有详细的记载。每当零钱存到一定数目时，就让爸爸妈妈帮他存入银行。当爸爸妈妈急需用钱而来不及取钱时，可以向儿子借款。他们谈好借款金额、期限、利息，借贷双方还得签名。当还款期限临近时，儿子会提醒爸爸妈妈。如果不能按时还款，就要及时办理延期还款的相关手续。

同时，詹女士和丈夫利用此时机，给孩子普及货币、股票、债券、借贷等知识，进行了砍价、购物、记账等方面的技能训练，使被子养成了不乱花钱、花钱有计划的习惯，所以，他不但攒了很多钱，还从爸爸妈妈那里赚了很多利息。

詹女士是家长教育孩子的典范。她通过借孩子的压岁钱来让孩子学会“金融管理”，让孩子了解了与钱有关的金融知识、理财知识，培养了孩子正确的金钱观和理财观。

教育孩子管好钱、用好钱，必须从小开始培养他们的理财意识和金融概念，具体可以从储蓄教育开始。家长可以让孩子尽早了解储蓄知识，懂得把钱存进银行可以得到利息，还可根据需要随时支取等常识。

另外，家长还应告诉孩子储蓄的种类、利息的计算方法，鼓励孩子开设个人储蓄账户，让孩子学会独立地存钱、取钱、用钱、管钱，增强孩子与银行交往的意识。

针对不同年龄段的孩子，家长可由浅入深、循序渐进地教育孩子。对于还未上小学的孩子，可以教他们认识钱币，识别不同面值的钞票；对于小学阶段的孩子，应从计划用钱、怎样省钱等方面着手，教会他们计算利息，帮助他们树立“储蓄增值”的观念；对于初中阶段的孩子，可以让他们了解股票、债券、基金等知识，锻炼孩子的理财能力。

相信在家长的教育下，孩子从小就能树立正确的金钱观，并具备强烈的理财意识和投资理念，懂得通过金融工具来增加自己的财富。

选基金还是选黄金

通过金融危机的教训，更多的人看中了黄金的保值功能。黄先生一改往年给孩子压岁钱的做法，给儿子选了一个“压岁金条”，他认为，自己的孩子每年的压岁钱比较多。将“压岁钱”转化为“压岁金”，一方面可以作为长线投资，保值增值，孩子能看得见、摸得着；另一方面孩子又不会轻易花掉，省去了自己帮忙保管这些琐事。

与黄先生不同，有的家长把给孩子的压岁钱转换成偏股型基金，市民蒋先生就是其中一位。他表示如今股市入场的机会很好，为孩子买点偏股型基金，等孩子长大了，需要用钱的时候，这很可能变成孩子的创业启动资金。

随着存贷款利率调低，如果还是像以往那样，让孩子把压岁钱“存定期”就不太好了。“我宁愿存活期。”市民王女士说，“孩子有正当的理由，随时可以从压岁钱中自由支取。”

黄金和基金各有各的投资特点，家长应该结合家庭经济状况来区别对待。

购买“压岁金”产品不宜选择工艺水平较高的黄金饰品，比如长命锁、金箔画等黄金制品，因为它们兑换成现金困难，不适合作为投资理财产品。另外，当你给孩子买了黄金后，应该配备保险柜，以免时间长了贵重物品被遗忘或丢失。

给孩子买基金之前应征求孩子的意见，让孩子参与决策。每年春节可以和孩子一起查看基金收益或亏损情况，当然，没有必要天天和孩子讨论行情的涨跌，以免孩子失去兴趣或过分关注。

一位家长把孩子的6000元压岁钱用于购买基金，他表示孩子的压岁钱属于闲钱，可以进行长期投资，买基金不仅可以让资金随着孩子的成长不断增值，而且可以引起孩子对基金的关注和了解，通过对自己投资产品的了解，学会理财知识与技能。

理财师给家长提出了意见，引导孩子理财没有必要都选择购买黄金或基金，可根据各自的情况而定。如果你的孩子还在上小学，压岁钱的积累时间较长，最好选择长期性理财产品，比如，风险较小的储蓄型、稳健型的理财产品或教育储蓄；如果你的孩子处于中学、高中阶段，把压岁钱用来理财的时间较短，可选择相对激进些的中短期理财产品。

银行人士认为，不管你引导孩子用压岁钱买了哪类理财产品，都要引导孩子重视自己的投资，借此形成关心经济、关心时事的习惯，逐渐积累理财知识与技能；还应让孩子养成记账的习惯，从学会规划压岁钱开始，逐步拓展理财知识与领域，不断提高管理钱财的能力。

“钱生钱”与“钱生智”的对决

程先生的儿子2009年春节得到了5000元的压岁钱，他和儿子经过认真商量后，把这些钱全部用于购买基金。他是想让儿子的钱在若干年后“生出”更多的财富。

与程先生不同。胡先生不赞成将孩子的压岁钱全用于理财投资，他表示在灌输孩子理财观念的同时，还应让孩子学会投资自己，这才能获得最高的回报。

他所说的投资自己是指用压岁钱做有助于提高自己思想水平和开阔眼界的事情，比如，用压岁钱看一场具有教育意义的电影，买一套具有哲理和趣味的读物，参加一次冬令营，或者参观风景名胜区，搞一次发明创造，做一件好人好事……这些都是提升个人素质的投资。

在理财观念深入人心的时代，许多家长注重培养孩子的理财观念，引导孩子把压岁钱用于投资理财，这就是“钱生钱”的理念。与此同时，不少家长认识到，孩子在成长过程中，许多经历比金钱更重要，这就是“钱生智”的理念。

如果说“钱生钱”具有一种长远的投资眼光，那么“钱生智”就有一种更深远的致富意义。某银行的理财师杨晓勇表示，当年他家里不是很富裕，过年得到的压岁钱也不多，所以他没有机会将压岁钱用于投资，根据父母的建议用这些钱来丰富自己的经历，他以自己的个人经历举例说：“正是因为年轻时投资了自己，现在我才能赚到更多的钱。”

“钱生钱”的理念比较适用于家庭状况比较好的孩子，这是因为他们平日里有很多机会外出旅游，应该读的课外书父母也早已准备好了，可以说他们有很多投资自己的机会。而一些家境不是很好的孩子，平日可能缺少这样的机会，因此，他们更应该把压岁钱在自己的身上投资，让“钱生智”。

孩子要拥有合理的财商

刘东是个节俭的孩子，他想把收到的2200元压岁钱存起来，父母建议他选择合适的理财方式。起初，刘东并不了解金融产品和理财方式，在父母的帮助下，经过认真比较，刘东发现每月定投 200 元，倘若年收益率在 10% 左右，定投 10 年就可以有近 5 万元的存款，那么等到自己成年后，他就能得到一笔可以用于教育或者创业的资金，于是刘东在爸爸的帮助下选择了教育基金定投。

孩子的压岁钱如何打理？储蓄是最普遍的方式。理财师表示，如果家庭经济条件允许，可以让孩子适当接触理财产品，比如做基金定投、购买保险以及投资黄金等。家长应该帮孩子挑选恰当的理财方法。让孩子在增加理财知识的同时得到最大的收获。

理财方式一：储蓄

当你的孩子有一个签着自己名字的存折时，他的自信心将会大大增强。因此，家长可以让孩子从小就与银行打交道，学会将自己的压岁钱存起来。

投资要求：10 元左右的开卡费用。

适用年龄：年龄不限，16 岁以下的孩子开户需要父母协助和陪同。

家长需要告诉孩子银行储蓄的分类，包括活期储蓄和定期存款两种，定期存款按时间的不同分为 3 个月、6 个月、1 年、两年、3 年和 5 年，存储时间越长，利率越高。对孩子而言，并不适合存长时间的定期存款，应该从学习理财的角度看，让孩子尝试做每一个时间段的定期储蓄。储蓄是最简单最直接的理财方式，但能够让孩子在储蓄的过程中学习金融知识，体会理财的欣喜。

理财方式二：基金定投

这种投资方式的特点是积少成多，但目前基金的品种不一、数目繁多，挑选一个适合孩子的理财方式不是一件容易的事。

投资要求：300 元以上。

适用年龄：6 岁以上。

当前市场普遍认为，股市已经跌入低谷，许多人认为这时候进行基金定投是愚蠢的。但不少业内人士认为，对于年龄偏小的孩子，如 10 岁以下，不急需缴纳大额度的学习费用，可以在现在点位买入一定数量的基金，长期持有，获得较大收益还是比较有把握的。

这是一种让孩子真实接触资本市场的理财方式，虽然有风险，但是很刺激，能锻炼孩子的判断能力。

理财方式三：购买保险

根据大量的事实调查，目前国内儿童每年收到的压岁钱平均超过 1000 元，其中压岁钱超过 2000 元的儿童占 20% 以上，用于理财的压岁钱不到 25%，而具有理财意识的孩子只有 9．4%。

投资要求：100 元以上。

适用年龄：不限。

少儿的保险理财产品通常具有“教育年金、分红增值、保险保障”等三重功能，可以根据家庭的收入、生活习惯和孩子的年龄选择不同的缴费方式。

市场上遍布针对少年儿童的保险产品，并且各有各的特点。比如，有的投保期是 0～12 岁，有的返还是截至 25 岁，还有重疾给付，末期重疾保费豁免，创业保险金等。家长在给孩子选择保险理财产品时，一定要选择有保费豁免一项，这样家长发生意外时，能让孩子继续享受保险带来的好处。不管怎么样，用孩子自己的钱做一份完善的保险理财计划，是每位家长都应该做的。

理财方式四：投资黄金

现在一些家长给孩子的压岁钱不再仅仅是最早的现金方式，他们将压岁钱变为“压岁金”，既表达了应有的意思，又让孩子没办法花掉黄金，反而让孩子接触一种投资理财方式。

投资要求：千元左右。

适合年龄：不限。

据了解，黄金投资方式有多种，但黄金期货、黄金 T+D 等复杂且风险较大，不适合孩子操作，家长应该为孩子选择简便、安全的实物黄金投资手段。

春节前后，压岁金币、贺岁金条、黄金生肖挂件等传统黄金制品越来越受家长们的欢迎。一位家长说以“压岁金”作为孩子的压岁钱，既可以做长线投资，保值增值，又可以省去家长代管的麻烦，一举两得。

投资实物黄金适合各个年龄段的孩子。黄金的重量可以自行选择，大到 200 克金条，小到三五克只需几百元的吊坠应有尽有。理财专家提醒，那些接近于原料金价格的金条、金币是最好的选择。对于黄金这种天然货币，不能让孩子仅仅将黄金看做是黄金饰品，而要让孩子懂得黄金保值增值的特性。

以上提到的理财方式各有自己的特性。家长和孩子应该结合家庭实际情况，经过沟通后选择适合孩子的理财方式。关于具体投资的细节，应该询问专门的理财人士。

用你的财富来献爱心

邹杰和家人春节时到贵阳山区看望亲戚，到目的地之后，邹杰看到当地庄稼都被雪覆盖了，而且很多路都被大雪封了。而当地人吃饭的时候，吃得最多的是大白菜。几天后回到家里，邹杰便有了想法——捐出自己 1000 多元的压岁钱，帮助贵阳受灾群众。除了捐款，小家伙还写了一份号召班里同学捐款的倡议书，然后计划回去号召班上的同学。

“懂得爱别人才懂得爱自己。”这是父亲看到邹杰的爱心捐赠后说的话，虽然仅凭个人的力量无法彻底解决他人的困难，但是“小富翁”捐出自己的压岁钱是很有意义的事情。虽然钱不多，但滴水汇成小溪，灾区的人们也能感受到小朋友们的心意。

很多“小富翁”习惯了用压岁钱买好吃的、好玩的，任意购买自己想要的东西，花起钱来丝毫不心疼。作为家长，应该及时纠正孩子的不良行为，这不仅是没有节约意识的表现，发展下去孩子还有可能变得没有同情心和爱心。因此，家长要鼓励孩子献爱心。

在爸爸妈妈的鼓励下。上五年级的陈慧同学捐赠了10元钱的爱心基金。她说：“钱虽然少，但是代表了我的一份爱心。”陈慧的父母非常支持她献爱心，对于钱的用途，陈慧说：“希望帮助那些残疾儿童恢复健康，像我们一样上学。也希望孤寡老人得到很好的照顾。”

14岁的陈晨捐赠自己的压岁钱时说：“很多同龄的孩子生活还不富裕，特别是灾区的孩子，他们需要重建家园，如果大家都献出一点爱，他们就能感受到社会大家庭的温暖。”

让孩子学会捐赠爱心，他的思想和品质会受到洗礼。当他看到我们的周围还有许多人过着贫苦的生活，需要帮助时，他才会更懂得珍惜和节俭。当孩子再有钱时，才会更好地自我控制，而不是继续买零食、买好玩的东西。

最开始的时候，你可以鼓励孩子从压岁钱里拿出一小部分用于献爱心，然后赞扬他的捐赠行为。第二次，尝试让孩子多捐赠一些，渐渐地，让孩子受到爱心教育，他才不会吝啬自己的压岁钱。

家长们要教育孩子，不是每个人都有机会上学念书、都有温暖的家、都能穿上漂亮的衣服、都有好玩的玩具。让孩子去接近需要帮助的人，培养他关心他人、关心社会公益事业的品质。因势利导，教育孩子献爱心，搞手拉手活动，为希望工程和灾区做有益的事，使自己的消费更有意义。

让压岁钱发挥最大作用

“压岁钱不光自己花，还可以给家人长辈买点礼物，表示一下对他们的孝心和关爱。”当记者采访正上初二的学生王铁如何花压岁钱才算有意义时，他发表了自己的观点。

王铁在春节时用自己的压岁钱给爷爷买了一台收音机。他的理由是：平时爸爸妈妈比较忙，而自己又上中学，一周回一次家，爷爷一个人在家比较孤单，买个收音机给爷爷，他就可以在孤单的时候听听收音机，了解更多的信息，享受一下有趣的节目。而且王铁认为，晨练的时候听收音机不会感到锻炼是很枯燥的事情。

与王铁有相同想法的刘伶同学说：“我是奶奶一手带大的，近年来她的身体不太好，让我和爸爸妈妈十分担心，所以我决定给她买一个体检卡，让奶奶经常去体检。”她的想法得到了爸爸妈妈的赞同。

压岁钱到底如何使用才能更有价值？除了存起来、买保险、买学习用品，其实还有很多有意义的用法。比如，从压岁钱中拿出一部分充当平时上学的交通费，帮助父母出一点电话费，给家人购买节日礼物，和朋友一起看电影，买图书、杂志和报纸，去海洋馆、博物馆、少年宫参观，外出旅游，增长见识，存钱买辆自行车等。

压岁钱有意义的用法不胜枚举，但是它们都有一些共同的特点。家长应该让孩子知道，压岁钱花得是否有意义，只要对照一下这些原则就清清楚楚了。

（1）合理原则。即合情合理，用压岁钱买东西要有充足的理由，满足自己最恰当的需要。比如，练习本用完了，买一个；口渴难忍，买一瓶水喝，这都属于合理的消费行为。但是如果把压岁钱拿到网吧里去玩游戏，请同学下馆子，买一些自己不需要的玩意，那么就属于不合理消费，钱就花得没有意义了。

（2）节俭原则。即节约和简朴。节约就是买东西时要认清物品的价值，就是让孩子看看这件东西是否值得他花那么多的钱买下来，对他的学习或生活有哪些帮助。这是孩子买东西前要思考的问题。

简朴就是不攀比、不奢华，只求实用，只求满足自己的需要。比如，买一些能够闪光的橡皮，买带有电光的圆珠笔，买带有音乐的文具盒等，都是大可不必的。

（3）爱心原则。讲究合理原则和节俭原则，与这里的爱心原则并不矛盾，该付出爱心的时候，还是应该大方地伸出自己的援助之手的。例如，爱心捐款，帮助贫困的同学等。

（4）意义原则。就是用压岁钱去做的这件事情要有积极的意义。比如，去祖国的大好河山旅游、去风景名胜地参观……这些对增长孩子的见闻，陶冶孩子的情操，培养孩子的爱国情感都有帮助。

（5）攒钱原则。有了零花钱，并不是要马上消费出去，你可以让孩子攒些钱买自己梦寐以求的东西。攒钱的方法有两种：

·短期攒钱，为了不久的将来能买到自己想要的东西。

·长期攒钱，为了一个长远的目标，需要积攒数额较大的金钱。比如，买一辆自行车，甚至交上大学的学费。这时，你可以让孩子把钱存到银行，那里既保险，还有利息。

要想让孩子合理地运用自己手中的钱财，家长应让孩子结合这些花钱原则来判断自己的钱花得值不值。

第三章　压岁钱让孩子自己做主

你的孩子会“认识钱”吗

孩子每年都会收到长辈给的压岁钱。

年少的孩子，对钱的概念是模糊的。他们对钱的初步认识，是知道钱能买到东西——吃的、穿的、用的。但作为家长，大多数人都不愿意让孩子过早地接触到钱，更不想让孩子过早地养成花钱的习惯。

有些家长不愿意和孩子谈钱，心情是可以理解的，但封闭毕竟不是办法。在生活中，人们自然会形成这样的定式：很容易看见钱的物质形态而忽视了金钱的精神形态，这势必会影响孩子对金钱的认识。

在一次财商教育论坛上，专家为孩子的金钱教育列出了如下的时间表：3 岁认识硬币和纸币，4 岁知道钱币的面值，5 岁知道钱币的等价物，6 岁可以简单地找零，7 岁会看价签，8 岁可以做点零工挣钱，9 岁会制订一周的开支计划，10 岁知道每周节约一点钱以备大宗开支所需。

由此可见，让孩子从小认清金钱的本质，是很有必要的。作为家长尤其要转变观念，千万不可谈钱色变，遮遮掩掩。比如对年龄小的孩子，家长可以告诉他们零花钱或压岁钱的具体数额，然后提出可否代为保管；同时，家长还应该满足孩子提出的一些要求，比如买一个玩具、一本书等。然后，家长可以告诉孩子近期的花销计划，比如交托儿费、买衣服和日常物品等，同时做好记录，让孩子明白钱都干什么了。即使是把孩子存下的钱花完了，也应该让孩子心知肚明。这就是让孩子认识钱，让孩子明白，多少钱买了多少东西，干了多少事，增强感性认识，为以后的理财教育打好基础。

下面简要介绍一些关于“钱”的基本知识。

关于钱币的常识

生活中我们经常看到这样的现象：父母带着年幼的孩子去乘坐各种儿童游戏车，孩子看到这些游戏娱乐设施时常常会激动不已，急不可耐地想要乘坐。这时候，爸爸妈妈可以拿出小数额的钱给孩子，让孩子自己去换购游戏币。当游戏币投进机器后，孩子就能享受到在唐老鸭坐椅车或米老鼠摇椅中摇来晃去的惬意了。通过自己用钱去换游戏币，孩子渐渐知道生活中有钱这样一种流通物；钱，可以让自己享受到快乐。由此，孩子还将慢慢体会到钱币蕴藏着的丰富的文化内涵，借此提高孩子的观察能力，普及文化常识。

钱究竟是什么呢？

要认识钱，就要知道什么是钱，钱是怎么形成的。

实际上，史前社会的人类以狩猎为生，那时候人们打来猎物就是为了吃，剩余的因没有保存的方法，只好任其腐烂。人们没有财产的概念，也没有钱的概念。后来，当猎获了大量的食物，同时又找到了保存的方法后，就出现了剩余。随着农耕文化的出现，人们学会了种植，生存方式就发生了变化。比如说捕获了10头野猪没有办法吃完，就会把剩余的驯养起来，谁来驯养？主要由一些妇女来驯养，所有的野生动物变成家畜是妇女的功劳。妇女把野猪养成家猪的同时，创造了剩余财产。

然而这些剩余财产怎么来支配就成了问题，谁支配它？不可能每个人平均地分配，而是由一个人或者两个人来支配它，支配的人就变成了拥有者。这样就出现了私有财产。随后又出现了财产的交换。

随着财富越来越多，交换关系也变得越来越复杂。开始的时候只有麦子和猪，有麦子的人和有猪的人进行交换；然后又养了羊、种了玉米，有羊的人跟有玉米的人交换……物品种类越来越多，有玉米的人要跟有麦子的人交换。于是这个交换过程开始复杂起来，复杂到最后拿东西来交换（以物易物）已经不可能了。如果有100种东西，彼此之间交换的组合就很难计算了。这就意味着当物质丰富到一定程度的时候，这种满足每个人意愿的物物交换已经完全没有可能实现。于是有人提出用一个东西来替代，大家都换这个东西，然后用这个东西换所有东西。这样就使交易、交换变得简单了，从而发现了充当中间交换物的媒介概念。这个媒介在不同的民族和社会先后有过多种形态，有贝壳，有金、铜，也有布，还有动物的皮，比如牛皮、羊皮，都充当过交换媒介。最后这个媒介慢慢被固定为金或银，因为金和银不容易变色。另外，它们不容易腐蚀，同时又容易切割成不同的等份，容易计量，因此，变成了一个标准化的交换媒介。不同的民族和国家都逐渐把制造这样一个形态标准化的交

换媒介的权力赋予了政府。这时，这个东西就变成了“钱”。

钱产生的次序很有意思，先有私有财产，后有民间的交换，再有类似于钱这样作为交换媒介的产生，然后再由政府赋予“钱”以法律的形式。最初应该是先有钱，后有政府，再后来变成只有政府才能印钱。钱又从黄金、白银逐步变成现在的纸币，纸币下一步的衍化是电子货币，最后大家看到的可能是一个数字、一个代码。但是不管怎么样，数字也好，代码也好，金钱本身还是有两个传统的功能：一个功能就是我们讲的交换的手段或交易的媒介；另一个功能就是一个价值尺度，衡量每件物品到底值多少钱，哪个比哪个更值钱。

了解钱是如何转变的，有助于我们进一步了解财富。如今天人们打交道、做生意，每天接触的钱本质上就是起一个推动交易的作用，并且存交易过程以此来衡量财富的大小。

我国货币的发展

中国在世界上是第一个使用货币的，使用货币的历史长达五千年之久。中国古代货币在形成和发展的过程中，大概经历了六次重要的发展阶段：

一是由自然货币向人工货币的演变。在中国的汉字中，凡与价值有关的字，大都有一个“贝”字偏旁。由此可见，贝是我国最早的货币。

随着商品交换的迅速发展，货币需求量越来越大，海贝已无法满足人们的需求，人们开始用铜仿制海贝。铜贝的出现，是我国古代货币史上由自然货币向人工货币的一次重大演变。

随着人工铸币的大量使用，海贝这种自然货币便慢慢退出了中国的货币舞台。

二是由杂乱形状向规范形状的演变。从商朝铜贝出现后到战国时期，我国的货币逐渐形成了以诸侯称雄割据为特色的四大体系，即铲币、刀币、环钱、楚币（爰金、蚁鼻钱）。

秦统一中国后，秦始皇于公元前210年颁布了中国最早的货币法“以秦币同天下之币”，规定在全国范围内通行秦国圆形方孔的半两钱。

圆形方孔的秦半两钱在全国的通行，结束了我国古代货币形状各异、重量悬殊的杂乱状态，是我国古代货币史上由杂乱形状向规范形状的一次重大演变。秦半两钱确定下来的这种圆形方孔的形制，一直延续到民国初期。

三是由地方铸币向中央铸币的演变。据《汉书·食货志》记载，刘邦建汉后，允民私铸钱币。豪绅富商和地方势力乘机大铸恶钱而牟利。文帝时“邓通大夫也，以铸钱财过王者。”

元鼎四年（公元前115年），汉武帝收回了郡国铸币权，由中央统一铸造五铢钱。从此确定了由中央政府对钱币铸造、发行的统一管理，这是中国古代货币史上由地方铸币向中央铸币的一次重大演变。

此后，历代铸币皆由中央直接经管。铸币权收归中央，对稳定各朝的政局和经济发展起了重要的作用。

四是由文书重量向通宝、元宝的演变。秦汉以来所铸的钱币，通常在钱文中都明确标明钱的重量，如“半两”、“五铢”、“四铢”等（二十四铢为一两）。

唐高祖武德四年（公元621年），李渊决心改革币制，废轻重不一的历代古钱，取“开辟新纪元”之意，统一铸造“开元通宝”钱。开元通宝一反秦汉旧制，钱文不书重量，是我国古代货币由文

书重量向通宝、元宝的演变。

开元通宝钱是我国最早的通宝钱。此后我国铜钱不再用钱文标重量，都以通宝、元宝相称，它一直延续到辛亥革命后的“民国通宝”。

五是由金属货币向纸币交子的演变。北宋时，由于铸钱的铜料紧缺，政府为弥补铜钱的不足，在一些地区大量铸造铁钱。据《宋史》记载，当时四川所铸铁钱一贯就重达 25 斤 8 两。在四川买一匹罗（丝织品），要付 130 斤重的铁钱。铁钱如此笨重不便，纸币交子就在四川地区应运而生。交子的出现，是我国古代货币史上由金属货币向纸币的一次重要演变。

交子不但是我国最早的纸币，在世界上也是史无前例的。

六是由手工铸币向机制纸币的演变。清朝后期，随着国外先进科学技术的逐渐传入，光绪年间已开始在国外购买造币机器。用于制造银元、铜元。后来，广东开始用机器制造无孔当十铜元。因制造者获利丰厚，各省纷纷仿效。

清末机制货币的出现，是我国古代货币史上由手工铸币向机制货币的重大演变。

从此，不但铸造货币的工艺发生了重大变化，而且还使流通了两千多年的圆形方孔钱终止了使用。

人民币小知识

平时我们接触的钱大部分是人民币。

人民币是指中国人民银行成立后于 1948 年 12 月 1 日首次发行的货币，新中国成立后为我们国家的法定货币。至 1999 年 10 月 1 日启用新版人民币为止，我国共发行五套人民币，形成了包括纸币与金属币、普通纪念币与贵金属纪念币等多品种、多系列的货币体系。人民币简称为CNY（China Yuan），不过更常用的缩写是RMB（Ren Min Bi）；在数字前一般加上“¥”表示人民币的金额。

人民币的单位为元，人民币辅币单位为角、分。主辅币换算关系：1元等于10角，1角等于10分。人民币没有规定法定含金量，它执行价值尺度、流通手段、支付手段等职能。

人民币按照材料的自然属性划分，有金属币（亦称硬币）、纸币（亦称钞票）。无论纸币、硬币均等价流通。

中国人民银行是国家管理人民币的主管机关，负责人民币的设计、印制和发行。

第五套人民币。1999年10月1日，中国人民银行陆续发行第五套人民币，共有1角、5角、1元、5元、10元、20元、50元、100元八种面额。根据市场流通需要，取消了2元券和2角券，增加了20元券，使人民币的面额结构更加合理。

为提高第五套人民币的印刷工艺和防伪技术水平，中国人民银行于2005年8月31日发行了第五套人民币2005年版100元、50元、20元、10元、5元纸币和不锈钢材质1角硬币。

第五套人民币继承了中国印制技术的传统经验，借鉴了国外钞票设计的先进技术，在防伪性能和适应货币处理现代化方面有了较大提高。各面额货币（角币不在其列）正面均采用毛泽东主席在新中国成立初期的头像，底衬采用了中国著名花卉图案，背面主景图案通过选用有代表性的富有民族特色的图案，充分表现了中国悠久的历史和壮丽的山河，弘扬了伟大的民族文化。

生活中，我们教孩子认识人民币可以先从钱的图案开始，钱的正面都印有毛泽东的头像，背面图案分别是：100元纸币为人民大会堂，50元纸币为布达拉宫，20元纸币为桂林山水，10元纸币为长江

三峡，5元纸币为泰山，1元纸币为三潭印月。同时，还要教育孩子爱护人民币，不要在人民币上面随便涂鸦，不要在人民币上乱写乱画，损坏了的人民币可以到银行去更换。

通过对以上知识的了解，会让孩子明白，钱来得不容易。

如果父母不给孩子讲清楚钱的来源和含义，孩子就会觉得，只要过年过节过生日，钱就自然会来，年年都是这样子。

所以，我们必须让我们的孩子从小就懂得，从父母手里拿的钱都是父母的劳动所得，父母要用这些钱来养家糊口，钱里有父母的辛劳付出，将来自己长大了，也同样要承担养家的重任。如果钱是亲朋好友以“红包”形式送的，也要让孩子明白，这些赠物将来是要归还的。

案例：帮助女儿树立正确的金钱观

女儿三岁刚上幼儿园那年，我先生下班比较晚，她就老爱问我，爸爸为什么老是这么晚回来啊？我告诉她，爸爸要工作，要赚钱。她就会问，爸爸赚钱干什么呀？我告诉她，爸爸赚了钱，可以买东西，可以给宝宝买好看的衣服穿，给宝宝买大房子住。她有些似懂非懂。

等到女儿上幼儿园中班的时候，我就有意带着她一起到了园长办公室，让她看着我把学费交给园长。我告诉她，这些钱交给园长，幼儿园的老师就有了工资，幼儿园的小朋友就可以有玩具玩，有画笔用，这笔钱还可以被幼儿园用来修建小朋友们最喜欢的玩耍小场所。目的是让她知道，必须交了钱才能上幼儿园。同时，我还告诉她，这些钱是爸爸妈妈每天辛苦工作得来的，只有好好工作才能获取金钱。努力学习的小朋友才能有大本领，才能找到好工作挣更多的钱。

现在家庭收入高了，做家长的总是尽量满足孩子提出的要求，结果导致小孩子不懂得爱惜财物，损坏、浪费、奢侈的现象非常严重，总认为家长的钱是从银行里变出来的。比如家长领着去商场，孩子见到好吃的好玩的就要买，不给买就又哭又闹。如果不希望孩子养成这类坏习惯，就应该告诉孩子钱到底是从哪里来的，让孩子养成节约钱的意识，并懂得体谅父母的辛苦。

钱是通过劳动获得的。你要向孩子解释，不是你到自动取款机上一按，那里就能印出钞票来。我们在自动取款机上取的钱，是存在银行里的钱，当你花掉这些钱的时候，它就没有了，直到你又赚来钱存进去，才会再有。如果你买东西花了50元钱，你可以拿出来50元人民币，告诉孩子这些钱在卡里被花掉了，这样钱和卡就有了关联了。而且，你要向孩子解释刷卡是为了方便，但如果不加以控制和计划，每个月都会把钱花光的。孩子应该明白，钱的价值跟劳动有直接关系，钱不是不劳而获的，那是你做了事情得到的报酬。想得到钱就要付出劳动，这样才能达到你自己的目标。

学会管理自己的小金库

每年过节时，很多孩子都得到了长辈给的压岁钱。如何科学、合理地使用压岁钱，孩子和父母都需要认真地学习。

面对孩子们拥有的一笔笔数目不小的压岁钱，有一些家长在该不该让孩子花钱的问题上常常很苦恼，也很担忧。比如说孩子生活

经验少，不善于识别各种假冒伪劣商品，自身的权益容易受损；钱币上携带的各种病菌容易侵入孩子的肌体，对小孩的健康不利；孩子过早学会花钱容易沾染奢侈浪费的毛病，使他们不懂得珍惜今天幸福的生活；孩子过于看重手头上的钱，容易滋长拜金主义的思想，影响其正确的价值观的形成；等等。

的确，家长们的这些担忧不无道理，使用金钱不当给孩子带来的影响是不容忽视的。但这并不是说，孩子越少花钱越好，能不花钱最好。毕竟在当今日益繁荣的经济时代里，孩子不可能生活在没有金钱的真空当中，这是一个无法回避的现实。那是不是就该任由孩子的性子去花钱呢？当然也不是。现实生活中，不让孩子花钱或孩子不会花钱，都引发了一些问题：

第一是铤而走险。引起这种问题的原因有二：一种是不给孩子钱或过分限制孩子花钱；另一种是毫无节制地让孩子花钱，最后无法满足孩子对金钱日益增长的欲望。前者的做法往往导致孩子对金钱强烈的好奇心和渴求欲，在无法或很难从家长手中得到想要的零花钱的情况下，孩子可能试着采取偷窃、欺骗等手段去获得。如果家长没有及时发现并纠正的话，这种情况极有可能由“小时偷针”演变为“长大偷金”的不良状况。

第二是孤独压抑。一些父母对孩子要求过于苛刻，也反映在严格控制孩子花钱的问题上，使孩子没有一丝一毫的自由空间。这样，势必将孩子与周围正常的生活圈、交际圈隔离开来，让孩子感到孤独、压抑、苦闷。生活中，一些孩子离家出走、自残或做出一些荒唐的举动，与家长这种“严格的”家教方式是不无关系的。

第三是茫然无助。还有些家长对孩子百般呵护，生怕孩子在花钱的事情上吃亏、上当。孩子想买什么东西，家长一律应承，并事必躬亲，直至令孩子满意为止。结果从这种家庭中走出来的孩子毫无生活能力。当他们需要独立支配金钱时，往往感到茫然无助，结果花了不少冤枉钱。

第四是挥霍无度。这种现象往往出现在经济条件优越、家长十分溺爱孩子的家庭。在这样的家庭里，孩子无度地花钱反而令家长十分快慰，认为孩子该享的福都享了，童年生活不会留下什么遗憾。事实上，这种做法忽视了引导孩子正确认识金钱的价值、合理地使用金钱以及锻炼孩子获取金钱的本领。到头来，家长辛辛苦苦积累的家业很有可能就败在自己孩子的手上。

学会花钱是孩子人生旅途中的必经之路。我们应该让孩子知道，钱是用来交易的。带孩子买东西，或者让孩子自己买小东西。让孩子了解什么是交易，以钱换物的过程是什么，同时，也可以让孩子通过简单的交易过程，了解什么是竞争、什么是公平交易。

在这一过程中，父母还应该逐步将教孩子使用货币和学习加减法与买商品的活动相结合，让孩子知道各种货币之间的数量多少并如何才能做到等值。

而且更为重要的是，要让孩子了解基本消费和奢侈消费的区别，认识节约是对劳动的尊重，杜绝奢侈消费、克服攀比心理；要让孩子养成定期、定量用钱的习惯，这样可以促进孩子自主意识的培养。另外，适当地让孩子参与家庭理财计划，引导孩子理性消费，可以让孩子逐步形成自己的金钱观、消费观和自主能力。

案例：曹女士是如何对孩子讲“钱”的

对于教育孩子用钱的问题，曹女士有着自己的经验：“孩子上了幼儿园以后，我就让她认识硬币和纸币了，让她做到能够区别钱的面值大小。去便利店时，我会带着她一起去。我用一枚一元硬币买

一个茶叶蛋的时候，会故意让她看到。等到下一次一起去便利店时，我拿三枚一元的硬币买一瓶饮料时，也会特意让她知道我花了多少钱。有时候去大卖场，我还会让她学着辨认常买的物品的标签价格。买玩具的时候，也尽量让孩子一起去，让她知道，玩具也是拿钱换回来的。”

果果爸爸怎样对孩子进行理财教育

果果三岁后，我决定对他进行理财教育，让他学会计划消费和管理金钱。

有一次，我去幼儿园接他，果果想买冰淇淋吃，我给了他1元钱让他自己去买。果果一会儿哭丧着脸回来了，说冰淇淋要1元5角钱一根，钱不够。

我却不多给，说：“每天只能给你1元钱，不能超支。”果果急哭了。

我就耐心地开导他，说：“你今天有1元钱，明天我再给你1元钱，就是2元钱了，不就可以买到冰淇淋了吗?”

果果听了，马上破涕为笑，高兴地喊道：“明天我有冰淇淋吃啦!”

到了第二天，果果又找我拿了1元钱，买了一根冰淇淋。但是，他看见别的小朋友津津有味地吃别的东西，他又眼红了。

这时，我帮他算了下账，说：“买了冰淇淋不是还剩5角钱，你可以买自己想吃的东西。”于是，果果又高兴地去买了1颗泡泡糖。

以后，果果就再也没有索要过更多的零花钱了。因为他懂得了一个简单的道理：今天少花钱，明天手里就有更多的钱。

后来，当他想买10元的玩具小汽车时，就足足攒了半个月的钱。当他买到自己喜欢的玩具时，他高兴地说："这是我用自己的钱买的！"

以上的两个事例很说明问题：当家长的就是要通过各种途径让孩子知道，怎样学着有效地用钱。

下面就怎样教育孩子学会用钱，提出几点建议：

尊重孩子意愿，但可以给予建议

压岁钱可以被孩子用来满足自己的消费意愿。也就是说，父母应该尊重孩子的自主权，但并不意味着放任不管，提一些建议是可以的。如果父母管得过严，孩子买什么东西都要听父母的，那么孩子不过就是一个"储蓄罐"。父母要清楚，孩子在用钱上走一些弯路，也是让其吸取经验教训。例如，孩子被"喝饮料，赢大奖"的宣传所吸引，一口气拿出所有的钱买了饮料，最后发现什么奖也没有中，他可能就会反思自己的冲动；再如，孩子被"吃干脆面，集画片，赢海南游"所吸引，我们也不妨让他尝试一回，如此种种，孩子们会在自己花钱的过程中，真正领会父母的良苦用心。

教会孩子如何花钱

如果你的孩子已经接触了简单的加减法，家长就可以用买东西的游戏让他体会、把握钱的兑换、找零。从1角钱到1元钱到5元钱，可以和孩子一起玩商店游戏，给家里的东西贴上标价，5角钱一支铅笔、1元钱一块橡皮、4元钱一个铅笔刀。和孩子一起算出买每样东西花多少钱，然后给他5元钱一张的人民币，向他解释这些只能买一支铅笔、一块橡皮和一个铅笔刀中的两样东西，让他自己选择。

每星期给孩子固定的零花钱。这些钱应该够他买一些小物件，比如，发卡、小贴画或者冰淇淋。下次你去商场的时候，告诉孩子如果他想买什么就带上自己的钱。如果他花光了自己的钱还问你要冰淇淋，你就可以告诉他，他需要等待，等到下一次发给他零用钱的时候才可以购买。即便孩子哭闹你也不能让步，不能破坏了规矩。如果孩子想要一个更贵的东西，比如新的精装图书或者玩具，你可以帮他计算一下需要攒几个星期的钱才够买到这个东西。放心，他会非常清楚他的钱有多少了。定期给孩子零用钱，你会发现花在孩子身上的钱少了，孩子也很少埋怨家里不给他买玩具了。

给孩子一定的权限

大一点的孩子在管理和使用压岁钱和零花钱时，如果我们想要让孩子有责任感，必须先给他们权利。权利和责任是双向的，没有权利的人就无法履行责任。

让孩子有计划地用钱

现在的孩子大多数是短暂快感的追求者，在理财教育欠缺的家庭，大多是父母给多少孩子花多少，花完了再找大人要。结果是孩子花钱越多越觉得不够花，花起钱来越没有节制。所以，计划用钱很重要。这个计划最好是在给钱的时候制订，家长只提出原则，具体内容由孩子定，家长不直接干预，但要监督、检查。教孩子使用压岁钱和零花钱是让孩子学会如何预算、节约和自己做出消费决定。父母对孩子的监督检查起到的是“安全阀”的作用，防止孩子乱花钱，培养孩子把钱用在刀刃上的良好习惯。

给孩子的钱的数额应当把握在孩子有能力支配的范围之内。有专家指出，无论孩子的年龄多大，家庭经济条件如何，为孩子花钱都不要没有节制，给孩子的钱都不要心中无数、没有计划。零花钱的多少并没有一个定值，主要依据孩子的年龄及其一周的消费预算来确定。这些开支包括：买零食，孩子日常必需的开销，如午餐、车费和买学习必需品的费用，再增加一些额外的钱以便为存钱创造可能性。对于过年的压岁钱、过生日时长辈给的钱等，如果超出了孩子平时零用的数额，父母应建议孩子把钱存入银行，或者购买一件孩子需要的大件物品，千万不能任其无节制地使用。

学会计划开支，是人生规划的一部分，家长和孩子都不可掉以轻心。

节俭最可贵

“锄禾日当午，汗滴禾下土。谁知盘中餐，粒粒皆辛苦。”这首耳熟能详的古诗告诉我们要懂得珍惜粮食。其实也是告诫人们要懂得珍惜金钱，不要乱花费。但是，现代的孩子所面对的诱惑远远超过以前，父母必须尽早给孩子灌输正确的金钱观，要让孩子知道天下没有免费的午餐，一粒粮食一滴汗，一分辛劳一分收获。

帮助孩子理解节俭的价值。父母要用节俭的故事教育孩子，让孩子知道节俭是美德，也是生活的必需。父母要赞赏节俭的行为，批评奢侈浪费。要让孩子理解生活的艰难，理解人在生活中难免会遇到各种困难，而节俭则可以做到有备无患，帮助人渡过难关。

帮助孩子学会节俭，如让孩子爱惜书本、文具，节约一张纸、一支铅笔、一块橡皮。要让孩子懂得，只有通过节俭，才能细水

长流。

美国畅销书《邻家的百万富翁》告诉人们，想变为富翁，单靠挣钱是不行的，还要靠平时的存钱与投资。所以，家长要让孩子从小学会勤俭过日子。例如，有的小孩喜欢吃冰淇淋，如果买一杯要花10元的话，家长就告诉他："你想吃可以，但是今天只能给你5元，等到明天再给你5元时，你才能买到。"

花钱要节省非一蹴而就，其实这就是理财教育的核心。孩子能节约钱了，甚至明白钱来之不易，那就非常令人欣慰。因此，家长必须根据实际情况，在钱的使用上，能卡就卡，该放则放。记住，没有心灵的触动，是不会达到效果的，孩子必须在艰苦的条件下，才能懂得节约、养成习惯。当然，家长也可以设定一定的情境，比如说要购买MP4或者电脑，家长可以和孩子协商，如果能节约到什么程度，家长再赞助多少，到了什么时候就可以买。这样，孩子心中有数，肯定会省吃俭用，努力实现自己的目标。所以说，怎么花钱，怎么攒钱，家长的方法和策略起到了核心的作用。

教育孩子不要攀比

要教育孩子不去和别的小朋友攀比，否则，压岁钱会成为内心的负担。家长给别人家的孩子发红包时，具体数目也最好不要让自家孩子知道，免得孩子斤斤计较，耿耿于怀。有的亲戚或朋友给孩子的压岁钱数额很大，父母可在孩子打开红包之前，把钱先收起来，甚至没必要告诉其具体数额。此时，善意的隐瞒，是对孩子纯洁心灵的一种保护。春节发压岁钱是对孩子的一种祝福，是一种传统文化，数额不要太大，心意到就行，否则压岁钱就变味了。

比如孩子有同学或朋友过生日，孩子总是希望送点"够意思"

的礼物。这时，家长要引导孩子量力而行，告诉他情感不是用钱来衡量的。

比钱比物只能让孩子贪图安逸，失掉纯真和朴实的品质。因此，父母要教育孩子克服攀比心理，教孩子比学习、比劳动、比品德。

正确面对欲望

孩子们都充满了好奇心，特别是在玩具店里，琳琅满目的新奇玩意儿真让人难以抗拒。当孩子向你投以渴望眼神时，做父母的没必要拒绝说："不买，太贵了！家里已经有好几个了！"以此来制止孩子的欲望。在专家看来，这时可以把玩具从架子上拿下来，告诉孩子这样东西的价钱是多少，再问问他："你打算怎么得到它?"之后，帮着孩子一起计划怎样存钱来购买。这样可以让孩子面对诱惑能清醒地思考自己的实力，并且懂得珍惜得来不易的东西。

以身作则，做孩子的榜样

现在的消费和储蓄的方式改变了，孩子们不容易看到父母如何处理金钱。专家认为，家长可以提供孩子们"看得到"的理财习惯。比如，把旅游基金存在玻璃罐子里，带着宝贝一起体会"积沙成塔"的成就感。同时，家长还要避免在孩子面前为了金钱而争执，免得让孩子从小对金钱形成负面的印象。

体验"给予"的快乐

教导孩子正确的理财观念，不只是教他们怎么"得到"财富，

更应教他们如何“给予”，让金钱的价值不只体现在满足欲望上，还要让其成为帮助他人的手段。

例如，可以让孩子从小养成奉献习惯，把一定比例的零用钱存起来作为慈善用款。当金额达到一定数量后，家长便可带着孩子去捐款，让孩子亲自体会什么是“给予”以及“给予”所带来的感受。同时，让孩子知道这些捐款用在什么地方、帮助了多少人、发挥了多大作用，最终让孩子真正体会并养成“施比受更有福”的人生观。

帮助他人，在现代社会中很普遍，比如捐救灾款。俗话说，一文钱难倒英雄汉。同理，在人家最困难的时候，雪中送炭，一文钱可能救一条命。这是金钱发挥最大价值的地方。帮助他人，帮助受困群体，是金钱最大的价值所在。

“安全消费”教育

有了零花钱，“安全消费”的教育必不可少。孩子喜欢在小摊上购买散发出奇异香气和荧光的新奇文具，购买来历不明、色彩俗艳的塑料玩具，购买小摊点的“三无”食品等。当父母发现孩子的消费已经危害到身体健康时，一定要及时干预。从孩子懂事起，我们就可以教会他们寻找和识别食品包装袋上的“QS”质量安全标志、像“一轮绿太阳从草原上升起”的绿色食品标志；教他们到那些有信誉的大超市买东西；告诉他特别鲜艳的饮料不能买等。让孩子明白食品、玩具、文具的质量安全才是最重要的。

防止孩子变成“自私鬼”

有些孩子有了零花钱后变得非常吝啬，买了东西只顾自己一个人享用，还对父母说：“这是我的钱买的，谁也别想尝！”父母此时千万别笑笑就算了，而是要对孩子讲明白，爱是互相的，在家里，在朋友之间，只有懂得分享的孩子才会受到欢迎。父母应鼓励和启发孩子用部分零花钱来表达爱心，如买小礼物为爷爷奶奶过生日，将找零的钱放入超市收银台边上的“希望工程募捐箱”，或者将积攒下来的钱买一个新书包送给“贫困学童”。相信这些爱心教育将在孩子的心灵空间中种下善良与分享的种子，等孩子再长大些，这些种子自然会发挥巨大的作用。

父母可以和孩子商量，哪些支出孩子可以用压岁钱，比如：

购买学习用品。这样既可减轻家长的经济负担，也能培养孩子的自立精神和家庭责任感。

订购报刊。可以帮助孩子开阔眼界、增长知识，养成爱读书的好习惯。又可以与同学交流阅读、增进情谊。

献爱心，捐赠希望工程。为贫困落后地区的小朋友奉献爱心，帮助失学少年儿童上学，开展“一帮一”活动等。最好是让孩子掏自己的钱，无论捐多捐少都是爱心的洗礼。节日或生日时，让孩子用零用钱为家人买一些小礼物，用钱来传递爱、表达爱。这样，孩子才能懂得钱除了可以满足人的欲望，还有更大的价值与意义。

参加储蓄。参加储蓄或购买国库券，支持国家建设，同时也能让孩子培养理财和节俭的好习惯。

给长辈或孤寡老人赠送小礼物。在长辈或孤寡老人生日或者有意义的节日时，送点实惠的、有意义的小礼物。

贴补家用。帮助家里解决一些暂时的经济困难或购买一点急需物品。

孝敬父母。给父母买一些生活用品和小礼物，让他们感到贴心和温暖。

去旅游。增加自己的阅历，陶冶情操。

让孩子知道钱不是万能的

美国有一种叫“monoply（垄断）”的游戏，它把实际商业社会的东西放在游戏里，让孩子意识到这个社会是竞争的社会，只有通过劳动才能获取利益。这个游戏还告诉孩子钱可以做很多事情，但有很多东西是钱买不来的，比如人的道德、诚信。

在生活中，要让孩子体会：钱能买到书籍，不能买到知识；钱能买到药品，不能买到健康；钱能买到时装，不能买到美丽；钱能买漂亮的眼镜，但买不来明亮的眼睛；钱能买高档的钢笔，但买不来敏捷的文思；钱能买来芬芳的玫瑰，但买不来真正的爱情；钱能买来精确的钟表，但买不来流逝的光阴。

告诉孩子做人不要贪婪

父母为孩子花钱要有目的性和规划性，不要太溺爱他们。

几乎每个家长都会遇到这样的问题，要是带孩子去购物，如果不给孩子买他要的东西，他就会生气耍赖。为避免此类事情发生，最好在出门之前就和孩子讲好“条件”：只买一样东西。这样，孩子就会在整个购物过程中仔细考虑他要哪样东西。对于孩子的过分要求，即使你买得起，也应该对孩子说“不”。慢慢地，孩子会知道，不是他们想要什么就有什么。此外，还应教会孩子学会给予，要让他知道不是每个人都有机会上学念书，都有温暖的家，都能穿漂亮的衣服，让孩子去接近、去关心、去帮助在困境中的孩子。

有些家长把零用钱的多少与孩子的成绩高低或做家务的多少联系起来，也有些家长给孩子零用钱没有限度，孩子随要随给。这样做究竟好不好呢？要回答这个问题，需要我们不断反思给孩子零用钱的目的，这就是：让孩子学习如何使用与管理金钱。凡是不利于实现这一目标的做法，都是不足取的。

父母到底该不该给孩子买他们企盼已久的新款名牌运动鞋呢？这是许多家长都会遇到的典型问题。如何决定，不仅取决于父母的收入水平，还取决于父母和孩子的价值观。香港一位姓韩的保险业女士开始反对给她的孩子买那么贵的名牌运动鞋，不过后来她改变了主意。她说："实际上，名牌鞋更耐穿，而且样子确实好。"让韩女士感到欣慰的是，她的孩子已逐渐学会了合理支配手头的金钱。她和孩子关于物品性能价格比的讨论，开始起作用了。当孩子向家长要钱时，家长不要总是有求必应，要多少给多少。如果家长不赞成孩子穿名牌服装，那么就对他说"不"，并向他说出你的理由。这样，有助于孩子独立面对奢华诱惑时，理智地作出自己的判断和选择。对年少的孩子进行金钱观教育的目的是锻炼他们的经济独立意识。

学习按需消费

在孩子花钱买东西的过程中，父母要教会孩子审慎决策，形成合理的消费观念，培养基本的消费能力。

有了钱，并不是想买什么就买什么，父母要帮助孩子分辨：哪

些是必需的，哪些是可有可无的，哪些是浪费，知道该花的钱要花，不该花的钱要省，以向孩子传递良好的消费理念。

怎样“讨价还价”

讨价还价其实是一个涉及心理学的有趣游戏，让孩子明白商家的出价与物品的实际价值之间是有空间的，学一点“生意经”，避免以后“吃大亏”；附带着，孩子的语言表达能力也能得到锻炼。带孩子一起买东西时，简单的运算可以让孩子去完成，也让他们学学“讨价还价”；让孩子替大人跑腿买东西时，要求他汇报价格与余额。这些都是训练孩子理财的好时机。

学会“算计”用处大

用一个小账本记录自己的开支项目，周末核算是否有不理性的消费，收支是否平衡，各项开支与预算是否有出入，是预算不合理还是消费失度，及时总结以便调整计划。

在给孩子零花钱的同时让孩子自己记一笔账：每个月他得到多少零花钱，买了什么东西，这些东西的价格是多少。如果孩子记账清楚，应给予鼓励；如果孩子不记账或滥购物，则给予警告。

让孩子了解家庭的财政现状

许多家长对孩子隐瞒自己家里的经济状况，觉得让孩子知道家庭经济状况不好容易让孩子缺乏自信，会产生自卑的情绪。他们宁可自己省吃俭用，也要满足孩子的消费需求。其实，家庭收入不好就要及时告诉孩子，这样孩子就不会有攀比的心理，即使孩子想与别人攀比，做家长的也可以理直气壮地拒绝："我们家没有钱。"告诉孩子真实的情况，可以改变孩子的消费观，让他明白该如何花钱。

另外，家长可对孩子进行模拟成人生活开支的训练。许多孩子生活在一个非现实的经济世界里，因为在家里没有太多的生活开支让他们承担。当他们长大后不得不开始自己付房租、水电费，买食物和衣服以及付交通费用时，会因缺少经验而手忙脚乱。为了帮助孩子为未来生活做好准备，让大一点的孩子为自己买日用品，为家里买菜、交电话费等。一旦孩子长大了，家长还可以翻开账簿，让他明白家里的钱是如何支出的，以帮助孩子了解该如何掌管家庭的"财政"。

带孩子购物，做好明智消费的榜样

父母给孩子买东西，可以带着孩子一起去，最后通过货比三家，教会孩子买到物美价廉的东西。在寻找物美价廉的商品的过程中，父母可以适时地告诉他们一般选择什么样的购物场所，购买时怎样注意商品的生产厂家、出厂日期、保质期、条形码以及防伪标识等。久而久之，孩子就会形成一定的辨别能力。

让孩子树立正确的贷款观念

当孩子想购买物品的价格和自己存的钱有很大的差距时，家长除了要孩子调整目标之外，还可以适度地"借钱"给孩子，让他们有借钱、还钱并支付利息的观念。

不过，一定要先让孩子提出还款的方案后，才能将钱借出，并且要彻底执行，避免孩子耍赖。另外，孩子也可以向兄弟姐妹借款，由父母当中间人，让其约定如何还款、何时还清等，最好用白纸黑字记录下来，使孩子了解到借钱、还钱的重要性，培养其责任感和诚信品格。

教会孩子购买打折商品

我们应该让孩子明白，如果想得到他们想要的东西，必须多走几家商店，对价格进行比较，选择购买同质、价廉的物品；要有尽量购买打折商品的意识，而不能仅图潇洒去豪华商场购物。这样做是为了培养孩子的消费价值观。慢慢地，他就学会了如何买东西才最划算。

在这里所说的让孩子学会用钱绝不仅仅是简单地让孩子花钱，而是让孩子从小懂得金钱的价值、正确的积累方式及金钱与人格的关系等，逐渐长成有着精明的经济头脑和管理能力的人。

花钱是一个学习的过程，是培养实践能力的良好机会。当今社会所需要的人才是具有创新精神和实践能力的人，因此学校教育就必须与之配合，重视学习实践活动的开展。比如，小学一年级在学习“元、角、分”的基础知识时，老师就可以带领学生玩“小小商店”的购物游戏，或者到附近的超市、商店去了解各类商品的价格。家长也应积极配合学校教育，抓住这一良好的教育契机，给孩子创造花钱的机会，让孩子饶有兴致地在生活实践中学习，促使孩子迅速而有效地掌握所学的知识。

生活中教孩子学会花钱的同时还可以让他们学到许多书本上没有的东西。譬如，家长们常常担心孩子在独立花钱时买到一些假冒伪劣产品，影响身心健康。那么，家长不妨利用一些机会引导孩子到生活中去辨别、去分析。电视上、报刊上不是常常对一些制假、售假窝点进行曝光吗？这时候，可以叫孩子也来看看，使他们对假冒伪劣产品有一个初步的认识，在情绪上产生厌恶感，从而在选购商品时有意识地避免吃亏上当。

同时，家长要注意孩子在用钱时的卫生习惯，家长不仅要告诉孩子钱币在数以亿计的人群中流通，会携带各种病毒，而且要带着孩子一道在使用钱币后认真地清洗双手，让这样的良好习惯逐渐在孩子身上形成。

有这样一位聪明的家长，他每周给孩子10元零花钱。孩子觉得不够用的话，家长不补足，孩子用剩了的话，给孩子自己攒着。这样，孩子慢慢体会到了钱不能乱花，得省着点。什么钱该花，什么钱不该花，得考虑清楚，要把钱花在刀刃上，要动脑筋少花钱多办事。有时，为了买一件自己很喜欢而价格较昂贵的东西，他不得不控制自己，努力攒钱，耐心等待。等到他如愿以偿的时候，那份欣喜、那份激动孩子会牢牢记住。天长日久，他的孩子渐渐掌握了许多用钱的技巧，同时也形成了良好的用钱习惯。当孩子将一部分积存的钱用于家庭的建设和学习用品的支出时，孩子也能体验到一些责任感和自豪感。就是在这一次次的体验当中，孩子勤俭持家的理财技能也在逐步形成。

学会花钱是一个提高的过程，是培养高尚品质的过程。现代社会强调人与人之间的互助、协作，呼唤人与人之间相互关爱。我们在指导孩子花钱时可以有意识地将这些思想传达给孩子。我们可以带孩子去了解社会的各个层面，让他们知道，在我们享受幸福生活的同时，还有许多人因自然灾害、疾病、失业等原因正忍受着贫困的折磨，一些孩子还面临着失学的威胁。这些弱势群体正期待着社会各方人士去关心和帮助。当孩子为之动情的时候，我们再引导他

们根据自身的经济状况，拿出一部分零花钱选择合适的方式来资助一定的对象，再或者可以参加相关的公益活动。

总而言之，孩子要知道怎么花钱，这是一种潜移默化的理财教育。要注意在培养孩子财商的同时，不能让孩子变成金钱的奴隶。

案例：价格不菲的PSP游戏机

正在给儿子置办新学期用品的李大姐告诉记者，过年时，14岁的儿子收到3000多元压岁钱。没过几天她就发现儿子手上多了个PSP掌机，一问，居然花了将近1800元！再一问，她更是吃了一惊：春节刚刚过去半个月，3000多元压岁钱已经被儿子花光了，除去1800元的PSP掌机，500多元的网络游戏点卡，其余的钱都用于和同学聚餐、娱乐了。

李大姐告诉记者，得知儿子压岁钱的去向后，她感到既痛心又生气，自己收入不多，平时节衣缩食，花钱从未如此大方，把压岁钱交给儿子管理，本意是想锻炼儿子的理财能力，最后得到的却是完全相反的效果。

通过调查发现，现在很多孩子在过年时收到的压岁钱都由自己支配，而孩子们在使用压岁钱时大多比较随意，缺乏规划。其用途无非是买零食、玩具、衣服等。有些孩子还用压岁钱购买电脑、手机、数码相机、PSP游戏机等。

很多家长因担心孩子乱花钱，常常会“剥夺”孩子们掌控钱的机会。比如要买什么东西，统统向父母伸手要，孩子得到的压岁钱，也要“上交”。这样做的弊端是，孩子们会因此养成要花钱就伸手，一有钱就赶快花光的习惯，缺乏对消费的规划意识。

最有效的方法是，对于孩子的财务状况，应让孩子自己心里明确，对自己的“财产”负责。当然也有生性节俭的孩子对于自己账户上的钱财格外看重，生活中尽量缩减开支，对于这样的孩子，家长应采取一些办法来鼓励、引导孩子合理消费。如建议孩子邀请小伙伴去看一场电影，买一双新的运动鞋，给爷爷或奶奶送上一束鲜花，等等。

这样我们可以收获的是，孩子们从小就培养起量入为出的理财意识，在进行消费的同时，会考虑到自己未来的花销和长期的规划。好习惯一旦养成，将会在他以后的成长道路中起到事半功倍的效果。

案例：去网吧玩游戏

初一学生张源因为压岁钱的花费问题跟父母闹了好长时间的矛盾。原来，过年的时候，张源收到了2000多元的压岁钱，这些钱大都被他花在了去网吧打游戏上。春节后的半个多月里，张源几乎每天都去网吧打通宵游戏。“过年了还不能放松放松？再说压岁钱是我的个人财产，我想怎么花就怎么花。我身边好多男同学都用压岁钱泡网吧。除了上网的费用，打游戏还需要买点卡等，上网时还得买零食，2000多元很快就花完了。”张源如实告诉记者。

据张源的妈妈介绍，平时孩子上课比较紧张，他们对孩子的零花钱也控制得比较严，因此孩子很少有机会去网吧上网。过年时，他们想让孩子高兴高兴，便放松了对孩子的管理。“真担心孩子这样下去会学坏。”看着儿子满不在乎的态度，张源的妈妈忧虑地说。

不少孩子使用压岁钱的方式之一是泡网吧。

经过调查了解到，女生上网一般是聊天，男生多数是玩游戏，时间短的一两个小时，时间长的彻夜不归。很多孩子有了压岁钱后就泡在网吧里消磨时光，甚至还学会了抽烟、赌博。这些不良习惯

确实应该引起父母和社会的重视，尤其要对网吧进行有效管理，不能让孩子无限度地泡在网吧里。

案例：变着法子请客吃饭

正月初八是初二女生媛媛的生日，2010年的生日，她用压岁钱请六七个好同学到肯德基吃饭庆祝，花掉了400多元。妈妈说她花钱多。媛媛说："这还算花得少的呢，我们班王林请朋友到高档饭店吃饭，花了1000多元呢!"

今天同学请客，明天就得回请，要么请吃饭，要么请唱歌。"人家请我吃麦当劳，我好意思请人家吃街头小摊的麻辣烫啊，怎么也得是肯德基吧?"媛媛的父母对女儿这样使用压岁钱表示担忧。"孩子的压岁钱怎么用，我们不好过多干涉，毕竟孩子也不小了。但是现在孩子的压岁钱越来越多，很多孩子花钱都大手大脚的，甚至形成了攀比之风，这真是让家长头痛的问题。"媛媛的爸爸告诉记者。

在中学生当中不少人都喜欢拿压岁钱搞社交活动，给老师、班干部送礼，或者请同学到饭店大吃大喝等。

通过调查发现，过完年后请同学吃饭是很普遍的现象。有近一半的孩子表示曾经用压岁钱请同学们吃饭或者唱歌。这些花费少则几百元，多则上千元。"来而不往非礼也"，同学请自己吃饭，自己也一定要在相同档次的饭店回请才够意思，不少孩子有这样的想法。这种社交活动助长了孩子的攀比之风。此风不可长，否则将不利于孩子未来的成长。

案例：孩子满眼都是钱

兵兵今年12岁，已经是一名小富翁了。妈妈在他10岁的时候，就将积攒了10年的压岁钱的存折交给了兵兵，存折上有人民币35000元。兵兵自小对数字特别敏感，自打有了3万多元钱，他就盘算如何增加数字而不是减少数字。因此，兵兵只要有零用钱，他都放在储蓄罐里，存满后，再拿到银行存起来。

开始时，父母还挺欣慰，觉得兵兵不乱花钱。但是后来，就发现兵兵需要一些东西，如买个文具、吃个雪糕等，可以用零用钱支付的，兵兵总撒娇让爷爷、奶奶或姑姑买。如今更甚，爸爸让兵兵做点家务活，兵兵则振振有词说要有偿服务：扫一次地10元、倒一次垃圾10元、喂小猫咪5元。简直让爸爸妈妈觉得兵兵真的变成了守财奴，不知如何纠正他。

小学阶段，是孩子身心发展和观念形成的重要时期，如果没有形成一个正确的金钱观，到孩子进入青春期后，就更难改变了。兵兵变得“一毛不拔”，家长是有责任的。

治标必须治本。因此，建议兵兵的父母与兵兵进行沟通交流，了解兵兵喜欢存钱背后的原因。应引导兵兵开阔眼界，人生的幸福与快乐并非完全由金钱决定，可以让兵兵体会一下用钱帮助别人获得的快乐。例如，买些笔记本给贫穷山区的孩子。另外，父母要与爷爷奶奶一起适当引导孩子善用手中的钱。相信通过一段时间，用交流、亲身体验等多种方法，会让兵兵摆脱“守财奴”这一称号的。

案例："白金小孩"的忧虑

今年50岁的张先生作为一家民营企业的老总，经营和管理能力在业界是首屈一指的。可是，面对自己18岁的儿子，他却毫无办法。

"我是而立之年得子，所以我们夫妻俩和双方老人都把这个孩子当眼珠子一般宝贵。我从小家里生活条件很苦，双方老人也都是喝苦水长大的，所以从儿子生下来那天起，我们给他准备的吃的用的玩的都是最好的。那时我的事业已经很有起色了，所以经济方面可以充分保障他的所需。他上的幼儿园、小学、中学都是全哈尔滨市公认的最好的。当时我的想法挺简单，就是不想让儿子再有我当初上学时因为家境贫困所带来的那种自卑感。他的学习成绩一般，我们平时就采取物质刺激的方法鼓励他上进：考进全班前30名时我给他买了一双阿迪达斯的鞋，考进前20名时我给他买了一套卡帕的运动服，考进前15名时给他买了当时索爱最新型的手机。后来他考上了上海的一所大学，拿到录取通知书时我给他买了一块3万多元的雷达表。从他上初中起，每月都有100元的零花钱，后来上高中，每月涨到了200元。上大学后，每月给他的卡上打3000元钱，后来他打电话说不够花，我们就每月给他5000元钱。他刚上大学时每个星期都来两三个电话，现在是一两个月都不打一个电话来，而且只要打来电话没别的事，就是要钱，总说钱不够。一学期下来有三科亮了红灯，我又气又急，可他却满不在乎。我们现在没法沟通，我说什么他都不爱听，他不要钱也没话跟我们说似的。"张先生一边说一边不住地摇头，对于自己寄予极大希望的儿子，他现在非常担心，担心有一天自己辛辛苦苦创下的这点儿家业会被儿子挥霍殆尽。

根据大量调查研究，在美国，家族企业在第二代能够存在的只有30%，到第三代还存在的只有12%，到第四代及第四代以后依然存在的只剩3%了。美国的破产族当中，超过七成都来自中产或者更高收入的家庭。他们的人生因为负债搞得一塌糊涂。出现这种状况并不是因为他们拥有的资源太少，相反，在他们成长的过程当中，资源的供给非常充裕，甚至是太过充裕了。心理专家认为，当人的需求与供给刚好对等的时候，满足感与愉悦感是最高的。而过多的供给，反而让人比物质匮乏时更为失落。所以，现在许多物质过剩的“白金小孩”有可能成为“满足感被剥夺”的一代。

美国卡耐基基金会曾经作过一项调查，在继承15万美元以上的子女中，有两成的人放弃了工作；大多数一事无成，整天沉溺于吃喝玩乐，直到倾家荡产；有的则一生孤独，出现精神问题或是做出违法犯罪的事。他们得到得越多越不满足，甚至失去了奋斗目标。这股“富裕病毒”正席卷全球，从美国、日本到中国……

据资料介绍，中国人口众多，国家实行了计划生育，家庭的基本模式都是爷爷奶奶+爸爸妈妈+一个宝贝疙瘩。中国自改革开放以来，有许多家庭由于自身的努力，积累了一定的资产。爷爷奶奶及父母都是经历过艰难时期缺衣少食的生活的，所以他们殷切地期盼自己的孩子过得幸福。也尽可能地或是透支性地为孩子提供相应的物质条件。他们还拼命为孩子积累财富，以期在自己死后为孩子留下其吃不尽花不完的财产。据了解，这种现象在一些暴富的家庭中尤其严重。

“好好对待你的小孩，但不要给他们太多财产。”这是美国《商业周刊》专题的点睛之笔。配合一张皱着眉头，不开心的小孩子的照片，这句话格外引人好奇：为什么要如此慎重地谈这件事？

答案是文章中的一个单词“富裕病”。

“富裕病”这一名词是20世纪90年代后期在美国开始流行的，由两个单词“富裕”和“病毒”合成，指由于父母供给太多所造成的孩子过度沉迷物质的奢侈享受，导致孩子生活缺乏目标的现象。

怎样拥有自己的储蓄

孩子如果想要正确掌管自己的财务，就需要好好保管自己的钱，要学会储蓄。

存钱是孩子必须养成的好习惯，那怎么样才能养成这样的好习惯呢？首先就是家长要教会孩子储蓄，比如先买一个漂亮的储蓄罐，然后和孩子一起放一些钱进去，告诉孩子，要让这个储蓄罐“吃饱”，里面的钱可以做很多事情。

除了给孩子零用钱适可而止外，还要让他们树立起先储蓄后消费的观念。对于孩子们来说，如果他们有自己的购买目标，存钱就更有意义。经济学家建议，鼓励孩子设立短期目标，让他们存入零用钱，两三个星期后就能买到玩具、书籍和学习用品等；然后让孩子转向更大的目标，存钱几个月乃至一年，以实现更大的目标。

让孩子学会存钱，不是目的而是一种手段，是要让孩子懂得如何负责自己的花销，并越来越多地处理自己的开支，引入预算的理财概念。这才是每个孩子都要掌握的能力。

孩子要自己体验积攒的意义

举个例子来说，孩子想买一双轮滑鞋要100元，父母可以提议孩子通过劳动报酬与表现奖励挣取额外的收入，同时每周积攒5元，攒足3个月，凑满60元，再向父母借贷40元，两月还清，付息2元。在这些半真半假的金融活动中，孩子可以真切地领会到储蓄与借贷的意义与价值。

上初二的小雪说，小时候，想吃零食了，总是爸爸妈妈带着我去超市买，但是到了后来爸爸妈妈就按时间给我发零花钱了，当时我好兴奋，可是没两天钱就花光了。慢慢地，我发觉自己应该学会攒钱，养成一个好习惯。

为自己买个存钱罐

先让孩子买个存钱罐，增强储蓄意识。了解有些东西需要存够钱才能买得到。

备上一个实体的存钱罐，可以让孩子清楚感觉到金钱存放的地方，并且实际看到金钱的累积。有了这些初步实践，就可以开始教育孩子如何运用金钱。如果孩子想要玩具或是吃糖果，就可以询问孩子，是否愿意从存钱罐中拿出部分零钱来换取他想要的东西。在这样的过程中，孩子会渐渐认识到钱的用途。等孩子渐渐大了，可以开始尝试教导孩子“需要的东西”跟“想要的东西”有什么不同。

了解存钱罐的历史

存钱罐最原始的名字是“扑满”，扑满是古时以泥烧制而成的贮钱罐。“扑满者，以土为器，以蓄钱；具有入窍而无出窍，满则扑之”（《西京杂记》卷五）。

扑满最早的记载文字，见于司马迁所写的《史记》中。它还有许多别称，如悭囊、闷葫芦、储钱罐。

扑满常被诗人写入诗中，或增添浓郁的生活气息，或引申出新的含义。宋代诗人范成大在《催租行》中写道："床头悭囊大如拳，扑破正有三百钱。"从中可见劳动人民生活的困苦。陆游则以此设喻，说明过度地聚敛钱财必会招致灾祸："钱能祸扑满，酒不负鸱夷。"记得一位高僧也曾写过一首叫做《扑满子》的咏物诗，诗中说，扑满子"只爱满我腹，争知满害身，到头须扑破，却散与他人。"

汉武帝时的丞相公孙弘，年少时家贫，放过猪，当过狱吏，但刻苦向学，孜孜不倦，近70岁时方入九卿之列，74岁升为丞相，官居极品。6年之后，病死于任上。刚入官道时，他的老乡邹长倩送他一个扑满，并在赠词中说："……扑满者，以土为器，以蓄钱。具有入窍而无出窍，满则扑之。土，粗物也，钱，重货也。入而不出，积而不散，故扑之。"公孙弘在以后的岁月里，一直保持勤俭的本色，盖布被，食粗粮。所余的钱，用来在相府设东阁客馆，招纳贤才，以推荐给皇帝选用。所以，他不因聚敛钱财招致"满则扑之"的大祸，平平安安度过了一生。

20世纪50年代初，在湘潭古城，玩具摊上还在卖这种蓄钱的小陶罐，它的妙处是硬币可以放入，却无法取出。因此小孩子平日将父母给的零花钱从小孔中塞进去，到快过年时，钱贮满了，便打烂小陶罐，取出里面的钱然后去消费。

走进银行

银行就像你的储蓄小金库，你可以随时把钱放进去，到你需要的时候再去取。如果你放在那里很长时间不花，银行还可以给你利息作为“奖励”。

应告诉孩子，将钱放在银行里可以做什么，让孩子对银行有一个初步的认识和了解。比如银行储蓄是一种风险最低的投资，我们可以根据存款的形式和期限，按期获得一份收益，等到期取出时，我们会得到比存入时更多的钱。父母还可以给孩子讲讲教育储蓄或保险的作用，就是希望通过这种投资，使钱生钱，给孩子的成长以更安全的保障。这样孩子就会慢慢明白，钱不仅可以用来花，更可以用来投资增值。

如果家中有长辈或其他朋友、同学生病，爸爸妈妈可以鼓励孩子动用自己的储蓄，为长辈和朋友购买一些营养品，给他们送去温暖和安慰。这样，孩子就会更加明白银行储蓄的重大意义了。

银行是什么

银行属于金融机构之一，而且是最重要的金融机构。它主要的业务范围有吸收公众存款、发放贷款以及办理票据贴现等。在我国，中国人民银行是中央银行。另外还有建设银行、工商银行、农业银行、中国银行四大商业银行，以及各大专业银行、合资银行等。

“银行”一词，源于意大利语 Banda，其原意为长凳、椅子，是最早市场上货币兑换商的营业用具。英语将其转化为 Bank，意为存钱的柜子。故此，早期的银行家被称为“坐长板凳的人”。

在中国，之所以有“银行”之称，则与中国经济发展的历史相关。在中国历史上，白银一直是主要的货币材料之一。“银”往往代表的就是货币，而“行”则是对大商业机构的称谓。把办理与银钱有关的大金融机构称为“银行”，最早见于太平天国洪仁玕所著的

《资政新篇》。

银行是商品货币经济发展到一定阶段的产物。它的产生大体上分为三个阶段：

第一阶段：出现了货币兑换业和兑换商。

第二阶段：增加了货币保管和收付业务，即由货币兑换业演变成货币经营业。

第三阶段：兼营货币保管、收付、结算、放贷等业务，这时货币兑换业便发展为银行业。

银行的产生和发展是同货币商品经济的发展相联系的。前资本主义社会的货币兑换业是银行业形成的基础。

最早的银行业发源于西欧古代社会的货币兑换业。最初货币兑换商只是为商人兑换货币，后来发展到为商人保管货币，收付现金、办理结算和汇款，但不支付利息，而且收取保管费和手续费。随着工商业的发展，货币兑换商的业务进一步发展，他们手中聚集了大量资金，为了谋取更多的利润，利用手中聚集的货币发放贷款以取得利息时，货币兑换业就发展成为银行了。

公元前2000年的巴比伦和公元前500年的希腊，已经有了经营保管金银、收付利息、发放贷款的机构。近代银行产生于中世纪的意大利，威尼斯特殊的地理位置，使它成为当时的贸易中心。1580年，威尼斯银行成立，这是世界上最早的银行。随后意大利的其他城市以及德国、荷兰的一些城市也先后成立了银行。

在我国，明朝中叶就形成了具有银行性质的钱庄，到清代又出现了票号。第一次使用银行名称的国内银行是“中国通商银行”，成立于1897年5月27日。最早的国家银行是1905年创办的“户部银行”，后称“大清银行”。1911年辛亥革命后，大清银行改组为“中国银行”，一直流传到现在。

近代最早的银行是1580年建于意大利的威尼斯银行。此后，1593年在米兰、1609年在阿姆斯特丹、1621年在纽伦堡、1629年在汉堡以及其他城市也相继建立了银行。当时这些银行主要的放款对象是政府，并带有高利贷性质，因而不能适应资本主义工商业发展的要求。最早出现的按资本主义原则组织起来的股份银行是1694年成立的英格兰银行。到18世纪末19世纪初，规模巨大的股份银行纷纷建立，成为资本主义银行的主要形式。随着信用经济的进一步发展和国家对社会经济生活干预的不断加强，又产生了建立中央银行的客观要求。1844年改组后的英格兰银行可视为资本主义国家中央银行的鼻祖。到19世纪后半期，西方各国都相继设立了中央银行。早期的银行以办理工商企业存款、短期抵押贷款和贴现等为主要业务。现在，西方国家银行的业务已扩展到证券投资、黄金买卖、中长期贷款、租、信、保、咨询、信息服务以及电子计算机服务等各个行业。

20世纪以来，随着国际贸易和国际金融的迅速发展，在世界各地陆续建立起一批世界性的或地区性的银行组织，银行在跨越国界和更广泛的领域里发挥着越来越重要的作用。

银行的作用

银行是经营货币的企业，它的存在方便了社会资金的筹措与融通，是金融机构里面非常重要的一员。

银行的业务，一方面是以吸收存款的方式，把社会上闲置的资金和小额货币节余集中起来，然后以贷款的形式借给需要补充货币的人去使用。在这里，银行充当贷款人和借款人的中介。另一方面，银行为商品生产者和商人办理货币的收付、结算等业务，同时又充

当支付中介。

了解什么是储蓄

何为储蓄呢？是指把节约下来或暂时不用的钱或物积存起来，一般指把钱存到银行里。

储蓄是培养零存整取观念的一种方式，而零存整取则是理财的基本手段。这些观念没什么特别之处，但是对孩子特别重要。有的家长不屑于花时间培养孩子这种良好的理念和习惯，等孩子反其道而行之，危害性显现出来了，才晓得最简单的教育其实是最必要的教育。

懂得储蓄的重要性，了解钱财来之不易，是理财的两个思想基础。

给孩子建立专门的银行账户，重点培养的是孩子对钱的管理能力。比如有的孩子每月零花钱为 200 元，家长可以领着孩子将钱取出来，然后，分批分期交给孩子使用。应该允许孩子买喜欢的东西，但是，家长要讲明的是，就这些钱，花完了，这个周没有了；再花，这个月就没有了。

研究证明：孩子金钱观形成的萌芽期是在 6 岁以前，形成期是在 6 ~ 12 岁，12 ~ 18 岁是发展期。从这个意义上讲，循序渐进地对孩子进行金钱观的教育，有助于培养孩子正确的生活态度，理解金钱与人生的关系，为未来的生活打下良好的基础。

储蓄原则

我国的储蓄原则是“存款自愿、取款自由、存款有息、为储户保密。”居民个人所持有的现金是个人财产，任何单位和个人均不得以各种方式强迫其存入或不让其存入储蓄机构。同样，居民可根据其需要随时取出部分或全部存款，储蓄机构不得以任何理由拒绝提取存款，并要支付相应利息。储户的户名、账号、金额、期限、地址等均属于个人隐私，任何单位和个人没有合法的手续均不能查询储户的存款，储蓄机构必须为储户保密。

活期储蓄

活期储蓄的含义是不约定存期、客户可随时存取、存取金额不限的一种储蓄方式。活期储蓄是银行最基本的、常用的存款方式，客户可随时存取款，自由、灵活调动资金，是客户进行各项理财活动的基础。

活期储蓄以 1 元为起存点，外币活期储蓄起存金额不得低于 20 元或 100 人民币的等值外币（各银行不尽相同）。开户时由银行发给存折和借记卡，凭折或卡存取，每年结算一次利息。

活期储蓄适合于个人生活待用款和闲置现金款，以及商业运营周转资金。其作用有：作为一项信贷资金来源，通过聚少成多、变消费为积累，用来增加生产建设资金；在一定程度上可以促进国民经济比例和结构的调整，使社会再生产过程加速和规模扩大；作为货币的信用回笼手段，可以推迟部分购买力的实现，有利于调节货币流通，能够引导消费，有利于居民有效地安排自己的生活。

存折、存单如何挂失和保密

未到期的定期储蓄存款，储户如果要提前支取，必须持存单和

存款人的身份证明办理；代储户支取的，代支取人还必须持其身份证明。

存单、存折分为记名式和不记名式。记名式的存单、存折可以挂失，不记名式的存单、存折不能挂失。

储户遗失存单、存折或者预留印鉴、印章的，必须立即持本人身份证明，并提供储户的姓名、开户时间、储蓄种类、金额、账号及住址等有关情况，向开户的储蓄机构书面申请挂失。在特殊情况下，储户可以用口头或者函电形式申请挂失，但必须在五天内补办书面申请挂失手续。

储蓄机构受理挂失后，必须立即停止支付该储蓄存款；受理挂失前该储蓄存款已被他人支取的，储蓄机构不需要承担赔偿责任。

让孩子知道储蓄也有风险

储蓄风险是指不能得到相应的储蓄利息收入，或由于通货膨胀而引起的储蓄本金的贬值的可能性。

这种可能发生的损失分为利息损失和本金损失两类。预期的利息收益发生损失主要是由以下原因所引起：

（1）存款提前支取。根据目前的储蓄条例规定，存款若提前支取，利息只能按支取日挂牌的活期存款利率支付。这样，存款人若提前支取未到期的定期存款，就会损失一笔利息收入。存款额愈大，离到期日愈近，提前支取存款所导致的利息损失就愈大。

（2）存款种类选错导致存款利息减少。储户在选择存款种类时应根据自己的具体情况作出正确的抉择。如选择不当，也会引起不必要的损失。例如，有许多储户为图方便，将大量资金存入活期存款账户或信用卡账户，尤其是目前许多企业都委托银行代发工资，银行接受委托后会定期将工资从委托企业的存款账户转入该企业员工的借记卡账户。持卡人随用随取，既可以提现金，又可以持卡购物，非常方便。但活期存款和借记卡账户的存款都是按活期存款利率计息，利率很低。而很多储户把钱存在活期存折或借记卡里，一存就是几个月、半年，甚至更长时间，个中利息损失，可见一斑。过去有许多储户喜欢存定活两便储蓄，认为其既有活期储蓄随时可取的便利，又可享受定期储蓄的较高利息。但根据现行规定，定活两便储蓄利率按同档次的整存整取定期储蓄存款利率打六折，所以从多获利息角度考虑，宜尽量选整存整取定期储蓄。

一般说来，如不把通货膨胀因素计算在内，储蓄存款的本金是不会发生损失的。即使在通货膨胀率较高的情况下，只要国家实行保值补贴，存保值储蓄（三年以上），存款本金贬值损失就能得到补偿。但是，因通胀而发生本金损失的风险仍然存在。

什么是利息

利息是资金所有者由于向国家借出资金而取得的报酬，它来自生产者使用该笔资金发挥营运职能而形成的利润的一部分，是指货币资金在向实体经济部门注入并回流时所带来的增值额。

其计算公式是：

利息 = 本金 × 利率 × 时间

什么是信用卡

如果你的孩子已经是一个高中生了，可以允许他拥有一张信用卡，并教他合理使用，这样能很好地对孩子进行理财教育。因为在孩子使用信用卡时可以深刻地体会到乱花钱、乱超支将会付出沉重的代价：不仅要还钱还要付大笔的利息。

信用卡于1915年起源于美国。最早发行信用卡的机构并不是银行，而是一些百货业、饮食业、娱乐业和汽车公司。美国的一些商店、饮食店为招徕顾客，推销商品，扩大营业额，有选择地在一定范围内发给顾客一种类似金属徽章的信用筹码，后来演变成为用塑料制成的卡片，作为顾客购货消费的凭证，开展了凭信用筹码在本商号或公司或汽油站购货的赊销服务业务。顾客可以在这些发行筹码的商店及其分号赊购商品，约期付款。这就是信用卡的雏形。

据说有一天，美国商人弗兰克·麦克纳马拉在纽约一家饭店招待客人用餐，就餐后他发现自己忘记带钱了，因而深感难堪，不得不打电话叫妻子带现金来饭店结账。于是，麦克纳马拉产生了创建信用卡公司的想法。1950年春，麦克纳马拉与他的好友合作投资1万美元，在纽约创立了“大来俱乐部”（Diners Club），即大来信用卡公司的前身。大来俱乐部为会员们提供一种能够证明身份和支付的卡片，会员凭卡片可以记账消费。这种无需银行办理的信用卡的性质仍属于商业信用卡。

1952年，美国加州韵富国民银行首先发行了银行信用卡。

此后，许多银行加入了发行信用卡的行列。到了20世纪60年代，银行信用卡很快受到社会各界的普遍欢迎，并得到迅速发展。信用卡不仅在美国，而且在英国、日本、加拿大以及欧洲各国也盛行起来。从20世纪70年代开始，中国香港、中国台湾以及新加坡、马来西亚等发展中国家和地区，也开始发行信用卡。

信用卡与普通银行储蓄卡相比较，最方便的使用方式就是可以在卡里没有现金的情况下进行普通消费，在很多情况下只要按期归还消费的金额就可以了。

借记卡与贷记卡的区别

如今在经济生活中有各式各样的银行卡，功能各异，牡丹卡、长城卡、理财通卡、一卡通、国际卡、旅游卡……真让人有点眼花缭乱，不知哪张才是真正适合自己的银行卡。其实从根本上讲，银行卡分为两类：一类是借记卡，另一类是贷记卡。

借记卡：人们通常称为储蓄卡。其主要作用是储蓄存款，持卡人通过银行建立的电子支付网络和卡片所具有的磁条读入和人工密码输入，可实现刷卡消费、ATM提现、转账、各类缴费。

通过卡片进行的费用支出等于储蓄账户余额的减少。账户余额为零，该卡的支付作用也降为零。借记卡的申办十分简单，开立一个储蓄账户即可申办一张借记卡，无需银行审批，一般可实现即办即取。

贷记卡：人们通常称为信用卡。其主要作用是小额透支贷款，其申办要符合一定的条件，透支金额的大小由银行根据申请人的个人资信情况而确定。“资”主要是指申请人已具有的资产和稳定收入状况，“资”决定了持卡人的偿还能力；“信”主要是指持卡人的信誉状况。持卡人资信状况的变化也决定了银行给予其信用透支贷款额度的变化。信用卡主要用来消费和提现。

从储蓄卡和贷记卡的差别可以看出来，正常情况下，一个人最好既拥有储蓄卡又拥有信用卡，这样可以做到合理理财，尽可能多地用银行的钱为自己居家理财和投资服务。

但作为孩子，最适合的还是储蓄卡，等长大后，具有自我控制力和理财能力后才可以办理贷记卡。

学会储蓄但不当守财奴

我们可以见到许多嗜财如命的守财奴，存折里有很多的钱，生活中却舍不得吃舍不得穿，更别提资助他人、回报社会了。这样的储蓄意义不大。储蓄的另外一个目的是为了未来的消费。善于用钱的人，钱是他的奴隶，而善于存钱却不会花钱的人，是钱的奴隶。这里面差别可能就一点点，但性质迥然不同。

如果你的孩子只懂得索取，往自己的钱罐子里填钱，该花的钱却不花，不肯让给他人一分一毫，就不是好的趋向。因为他没明白钱的本质和意义。你要跟孩子说，现在存钱，将来有可能在什么情况下用，比如用于帮助需要帮助的同学，用于看望老人家买礼物，用于自己上大学，等等。有了这些远期使用目标，你的钱才储蓄得有意义。

如何让你的小财富生出钱

说起来投资，一些家长很自然地认为这是大人们理财过日子的事，跟孩子没有多大关系。其实不然，理财教育是与少年儿童成长中的各种问题息息相关的。可以说，在现代生活中理财能力是生存能力的重要组成部分，是当今社会每个人都必须具备的基本素质，直接关系到人的发展和一生的幸福。对于成长中的少年儿童来说，学会理财不仅是如何用钱的问题，其中更包含了多方面的教育内容和各种能力的历练。

培养孩子良好的品质。理财教育是孩子掌握正确的理财方法和形成良好的理财习惯的重要渠道。这当中自始至终包含着品德教育的内容。比如通过了解金钱与工作的关系，让孩子懂得父母挣钱的艰辛，进而珍惜别人的劳动，产生孝敬父母、回报父母、回报社会的情感和行为动力；懂得金钱不是从天上掉下来的，要取得成功需要付出、需要奋斗的道理；懂得诚实、守信是经济生活中取得成功不可或缺的品格。

培养孩子的金融意识。比如家长可以把储蓄的利率、种类、保险等金融知识介绍给孩子，让孩子存一份教育储蓄。教育储蓄的对象是在校中小学生，为零存整取定期储蓄，每户最低起存金额 50 元。教育储蓄的利率享受两大优惠政策，除免征利息税外，它还将享受整存整取利息。还可以引导他们买一份合适的保险。

让你的孩子养成正确的投资意识。如果孩子已上初中，家长可以引导孩子用压岁钱买一些债券甚至股票，让孩子体验一下做债权人和股东的滋味，使其对投资与报酬之间的关系产生感性认识；有条件的家庭也可让孩子用压岁钱买邮票、字画等物品，既有艺术欣赏趣味，又有收藏价值。

要懂得通过正当手段去获得收入

美国人有个习惯，就是常将自己不需要了的东西拿来拍卖，

小孩也可将用不着的玩具等摆在家门口出售，以获得一点收入，还有的小孩帮忙送报以得到一些报酬。我们也可尝试让孩子体验赚钱是多么的不易，比如学卖报、做超市小售货员等。

另外，孩子帮助爸妈做点家务，是尽家庭一员的义务，并非事事都给钱。但如果家里要付钱请人做的事，如割草、洗车、清理车库、油漆墙壁、打理花园等可以让孩子帮忙，事后酌情给予一定报酬，以资鼓励。当然，哪些项目是义务的，哪些项目是可以得到报酬的，父母都可以根据自己的价值观和孩子的实际情况而定。但是，尽义务是必需的，报酬是为了培养理财观念。

君子爱财，取之有道。道，可以理解为：一、正确的适合自己走的路；二、指导自己人生宏观运行轨迹的路，而不能靠走歪门邪道，通过违法途径来取得自己的利益。

君子爱财，取之有道。这是老祖先留给我们的宝贵遗产和忠告。它告诫后人取财必须要靠自己的辛勤劳动和汗水，用现在比较时髦的话来说，就是要遵纪守法、符合道德伦理常纲。

案例：11 岁儿子半月偷拿 1700 元

一位家长这样诉说他的烦恼：我儿子今年 11 岁，一直调皮好动。孩子 8 岁以前我们生活在深圳，2009 年因故带儿子回贵州老家读书，成绩一般。2010 年 3 月份我回广东，在这半个月期间，孩子竟然先后几次共偷了他爷爷 1700 元钱！孩子一直和姑妈生活在一起，和姑妈很亲近，现在也不愿意和我沟通，我应该怎么办？

情况调查：这位家长的小孩在 2 ~ 6 岁是由姑妈单独照料的，至今姑妈和孩子全家一直生活在一起。孩子 3 岁时曾拿过别人 1

元钱，当时被姑妈揍了一顿，就再没出现过此类情况。2010年3月份他偷爷爷钱时，是爷爷从银行里取了2000元回家放在枕头下，孩子趁其不注意偷了500元。爷爷发现了当场质问他，他不承认，再三逼问才说不要告诉爸爸，因为爸爸知道后会打死他的。

2009年孩子也有两次偷过爷爷的钱，一次50元，另一次20元，并且两次都写有保证书。此次，孩子保证说不会再犯错了，否则让母亲送去公安局。由于孩子目前就读的学校治安状况不好，母亲怀疑学校有高年级学生或外面社会上的不良少年恐吓威胁孩子，但孩子说没有。现在这位母亲既不敢跟孩子爸爸说这事，但又担心这样瞒下去不处罚，孩子今后胆子会更大。

孩子现在每天放学回家很怕见到爷爷，一看到爷爷就躲进房间关起门来。母亲试图跟他沟通，可孩子有些不太愿意，母亲说什么，他就"哦"一声，没有更多的话语。而且特别讨厌母亲翻旧账，一提起反应就很大。这位母亲和姑妈商量后，想找一个人扮警察，来跟孩子沟通，看看孩子会有什么反应，但又不敢轻易行动，所以希望专家能给她提一些有效的建议。

从这位母亲的叙述来看，孩子在2～6岁是由姑妈单独照料的，和母亲的亲密依恋的关系没有建立起来，即没能建立安全、信任的亲子关系，所以不易合作。要改善亲子关系，需要找到原因，打破惯性关系模式，建立信任，修养孝道，才能从根本上解决问题。

在半个月的时间里，孩子"竟然先后几次共偷了他爷爷1700元钱"到外面花用，确实让人担忧。但我们首先需要从心理的角度了解孩子的行为，才能决定如何处理比较合适。对一个11岁的孩子来说，他的脑子里对钱的数目并没有太多的概念，他只知

道钱可以用来买自己需要或喜欢的东西。也许孩子本来并不是想偷拿爷爷的钱，而是偶然发现爷爷枕头下有一沓钱，经受不了这种诱惑而拿了，这是这个年龄段的孩子经常会犯的错误。但是，假如孩子年龄再大点，比如十三四岁，就有所不同了，这时应该考虑孩子是不是缺少自我控制的能力或缺乏道德感了。换句话说，同样是偷拿家里的钱，但我们要考虑孩子的年龄及其认知能力再做适当的判断。

事情既然已经发生了，家长有必要事先统一意见，然后一起好好跟孩子谈。需要注意的是：①教育孩子时，不要太凶狠，否则会影响孩子将来自信心的发展。要耐心跟孩子解释，家长挣钱不容易，让他体会钱的价值。②要跟孩子协商如何让其接受处罚，比如，两个星期不准外出玩耍，不能看喜欢的电视节目，或者做家务等。③考虑到十来岁的孩子开始有自己喜欢的小物件，可以定时发给孩子一点零用钱，最好通过奖励或约定的形式。这样，一是可以让孩子养成节约与储蓄的习惯；二是可以认识金钱是靠自己努力才能获得的。④最主要的，家长要跟孩子讲道理，要让孩子意识到自己行为的错误和不良后果，切忌用体罚的方式来表达自己的愤怒和不满。要让孩子明白“君子爱财，取之有道”，最关键的是对所犯错误有所悔悟。

值得我们注意的是，偷拿家人或外人钱物的行为，并不是某个年龄段的孩子所特有的。不少孩子在小时候都曾出现过偷拿行为。其原因除了经济上的贫困造成心理不平衡外，还有一大部分的原因就是缺乏父母的理解和关爱。

从生活中找投资目标

有许多人提倡为孩子开户购买投资基金，甚至是购买股票，但却越俎代庖，忽略了让孩子参与。专家建议，首先要让孩子认识所投资的企业，尽量选择孩子熟悉的公司的股票，如家里所用的电器产品或电脑生产厂家（上市公司）。这些品牌对孩子而言并不陌生，进而可以陪孩子一起注意所买股票的公司的相关消息，借此让他们知道，这些信息对股票涨跌的影响。在潜移默化中，孩子自然就会了解简单的股票投资原则。

用通俗的方法给孩子讲投资

如果你发现孩子对理财感兴趣，可以将国库券、国债或保险、基金、股票等的基础知识作为孩子的选修课程，用简单的语言讲给孩子。

保险：笼统地说就是转移风险。保险有很多种，比如人寿保险，人都会有意外，假如一个孩子的爸爸发生意外死了，家里缺了顶梁柱，没有了收入，但如果孩子的父亲买了保险，保险公司就能把钱赔偿给妈妈和孩子，让他们有基本的生活保障。

股票：股票的收入有两种：一种叫收入收益，即买了股票放在手中不动，定期从公司分得股息；另一种收益叫资本得利，是指买股票的人主要靠股票买卖的差价获取收益，也就是低价买进，高价卖出，以取得差额利润。

基金：即把市场上的闲散资金集合起来，交给基金公司，由他们去打理，赚来的钱再分给购买基金的投资人。这是一种比银

行存款回报潜力要高很多、但又比股市风险低很多的大众型理财工具。

邮票：邮票投资行为回报率较高。在收藏品种中，集邮普及率最高。从邮票交易发展看，每个市县都很可能成立至少一个交换、买卖场所，邮票变现比古董字画更易，因此更具有保值增值特点。邮票年册的推出节省了学生的投资时间，因而显得简便易行，学生收藏年册的队伍也在逐渐扩大。但对于学生的业余爱好，年册几百元的价格不算太高，加上邮票给学生视觉上的高度愉悦感和知识学习，邮票投资方式在未来有很大的发展潜力。

当孩子到读初中、高中时，就要重点培养他们的科学理财观。要让孩子了解，自己未来需要支付哪些费用，比如出国留学、结婚买房、甚至退休养老等。有了这些目标后，孩子对金钱的认知程度和理财能力将会越来越高。

投资要让孩子实战演练

可以让孩子拿出一部分压岁钱进行投资，让他们在实际操作中得到最宝贵的实践经验。

可以让成年的孩子参与家庭投资，如怎样挑选楼盘、安排银行贷款、完成交易程序等；同时了解家庭每个月的收支及房产所具备的价值。在这个阶段如果能够累积丰富的经验，那么对孩子将来的发展会大有裨益。

然而孩子开始进行投资尝试，可能会常犯错误。因此，家长要先控制投资金额，不要因为投资亏损责备孩子；相反，应鼓励他们发现问题，总结经验教训，从而慢慢走向成功。

案例：教孩子学会贷款

和别的父亲比起来，老潘无疑是一位很开明的家长。他对儿子小翔的要求是，在班级里成绩在前15名，业余的时间里完全可以做自己喜欢的事情。小翔从上初中开始，就对投资表现出了很大的兴趣。对此，老潘并不反对，相反还有意识地对儿子进行指导。

小翔从小就有了自己的专门账户，每年到了春节和小翔过生日的时候，长辈们给的“红包”，小翔都会一分不动地存进银行账户。

但是，小翔似乎对贷款并没有特别的意识。2009年年末的时候，小翔想买一台笔记本电脑，但自己的钱还差2000元，于是想向父母借钱，准备到春节后再还。

“说实在的，当时我挺高兴的，儿子已经有了独立的意识，要用自己的存款买东西，而不是伸手向父母要钱。”不过，老潘还是因势利导地告诉小翔，父母可以借钱给他，但是小翔必须支付一定的利息。

“还要付利息？”面对儿子的不解，老潘就拿家里的房贷来举例子，“家里买房向银行申请了30万元的贷款，可银行为什么要借钱给我们？是因为他们要从中收取贷款利息。我们每月还房贷的3000元里，有一部分就是给银行的利息。”为了让儿子有更直观的了解，老潘和小翔一起从网上查贷款利率的资料，提出如果儿子能够以5%的年利率支付利息给自己的话，就可以先借钱给他。

小翔算了算，两个月之后他就可以用压岁钱还上借父母的

钱，一共需要付25元的利息。他觉得利息并不算多，便爽快地答应了老潘的要求。

信贷的生活方式已经逐渐渗透到我们生活中的每一个角落。对于高中生来说，他们日后长大成人，可能需要申请助学贷款、住房贷款；当他们创业的时候，还可能需要创业贷款……因此，如果有合适的时机，向他们灌输一些信贷方面的知识也未尝不可。

也许25元钱对父母来说算不了什么，但是从这种生活体验中，家长们可以让子女们产生切身的体验，明白天下没有免费的午餐，使用不属于自己的钱，就必须付出一定的代价。

案例：熟悉“钱生钱”的方式

小刚一直对投资非常感兴趣，从小刚到16岁之后，父亲老张就带着小刚去办理了正式的银行账户，并开始有意识地介绍一些投资的产品让他开始接触。

刚开始的时候，小刚对股票很感兴趣，但是老张觉得股票投资并不适合小刚这个年龄段。“我告诉他，投资股票需要对市场、行业和个股进行很多的分析了解，他有老师布置的学业，还需要补充一些课外的知识提高自己的综合素质，不应该在炒股上花费精力。”儿子认可了父亲的意见，不过老张也建议小刚不妨从基金投资入手，因为基金投资主要由专家来操作，自己不需要付出那么多精力。

老张买了一些投资方面的书籍给儿子，让小刚了解基金的一些常识。为了把小刚领进门，老张示范性地以1000元投资了一只基金，“每天晚上我就会带着他从网上查看这只基金的净值，看看我这1000元投资的增长情况。”一个月下来，小刚提出了自己也要买一只基金，“我教他如何开立基金账户、如何用网上银行转账，全部由他自己来完成操作。”

不过，小刚在投资中的浮躁心理也引起了老张的担心，“有时候涨得高了，他就会特别高兴；净值跌下来，他就不开心了。”看到这种情况，老张就告诉小刚，投资市场上会有很多不可预估的风险，有涨必有跌，做投资就要做好亏损的心理准备，只有这样才能获得更多的机会。慢慢地，小刚不再紧盯着基金净值不放，而是学会了用坦然的心态面对投资。半年下来，小刚的投资也逐渐有了进展。

初中生已经日渐成熟，在这个时候，家长可以根据自己的能力，适时地介绍一些投资的手段和方法给子女。

案例：花市练摊也搞股份制

既投资获利，又让孩子长见识，真是一件两全其美的好事情！

蒋女士的女儿目前正读高三。谈起对压岁钱的使用和投资，蒋女士颇有感触。她说，每年女儿均能收到长辈给的压岁钱过万元，一般而言是她代女儿开个存折存在银行。等到蒋女士有时间投资了，看到有合适的投资产品，她也会顺便帮女儿购买一些，比如国债、保险、基金等她都有尝试，但这些投资都是蒋女士本人在做。

2010年春节，女儿拿出部分压岁钱用于花市投资，她和班里的同学一起组织了一个“花街战队”，成功地从商家手中拿到一款新食品，在海珠区的花市中租下一个摊位销售。蒋女士回忆，

当时女儿和班里的同学一起对市场进行调查研究，并与商家分享了计划。通过谈判，商家同意支付全部4800元租金和产品宣传资料的费用。而“花街战队”的成员则按照“股份制”的形式共同组成一个销售团队，经过商家培训，在花市中销售代理食品。蒋女士的女儿和同学还设计了团队出资、销售方案：大股东出300元，小股东出50元，利润按照出资比例分成；投资大小自愿决定。

由于他们的销售方案增强了周围同学的凝聚力，分摊了风险，还大大提高了队员的积极性，花市食品店开张后两天内，他们就销售出了4000杯“即食薯泥”，乐坏了商家。一个春节假期下来，蒋女士的女儿和同学都享受到了股份分红，蒋女士的女儿拿到了800元的现金。

这样的投资可以锻炼孩子的组织能力并积累一些社会经验。因此，家长对已经比较成熟（16岁左右）的孩子，可以指导他们把钱用于社会实践中，既能投资获利，又能让孩子长见识，是一件很好的事情。

都说开源节流，节流重要，而开源的意义更大。“开源”可以让孩子在获取收益的过程中，了解到财富流转的规则，体味到回报与付出的关系。

美国人常将自己不需要了的东西拿出来拍卖。小孩也将自己用不着的玩具等摆在家门口出售，以获得一点收入。在国外，人们很重视从小就开始培养子女挣钱的能力。

除了教会孩子合理地花钱、有效地赚钱，家长们也可以试着告诉孩子一些基本的财富常识，带着他们做一些比较常见的投资。

案例：精打细算的“小财迷”

可能是受家庭的熏陶，张女士10岁的女儿很早就对金钱有了初步的认识。从5岁起，她就要求将她的压岁钱单独管理。现在她的小存折上已经积累了近万元钱。这笔钱她可舍不得动，就连平时给她的零花钱她也积攒在自己的小钱包里，很少动用。平时如果需要买图书或小零食，她往往会利用自己的特长来赚钱。

张女士的女儿在学扬琴，有些乐曲她能熟练地演奏，表演完毕会让父母给她一两元钱，她把这看成是劳动的报酬。她的书法也有进步，张女士会用零钱给她鼓励。这些钱她一般用来买自己喜欢的书和小玩具、小零食。

张女士和先生谈基金投资的时候，她有兴趣听；爷爷在家里看基金的净值，她也会去翻看一下图表。有一次，她还提出要将自己存起来的压岁钱交给爸爸为她买基金。

女儿这么小就对金钱感兴趣，张女士有点担心，怕她真的变成个“财迷”，不过，由于她对金钱有正确的理解，也就懂得共享和多赢的概念。比如因不愿意把自己的东西给别人，小时候她经常要和表姐买一样的书，但现在她愿意和表姐交换图书来看，也会和小朋友交换一些玩具，甚至也愿意将她不用的东西捐赠给山区的小朋友。

张女士和先生商量，准备满足她投资的小心愿，为她买基金，具体买哪一只，则由她在听完父母的介绍后自己选。

目前国内的开放式基金已经涵盖了从低风险低收益到高风险高收益的全系列风险收益线，按风险（收益）从低到高排序，有货币市场基金、短债基金、债券基金、股债配置型基金、股票型

基金；保本基金是一种比较特殊的基金，风险低，收益率则根据基金经理的操作水平而有所不同。由于基金品种丰富，家长可以为不同年龄不同需求的孩子买到合适的基金或基金组合。

股票型基金风险高收益也高。在股市低迷的时候，会出现亏损，但从一个相对长的时间看，它的收益也比较可观。

近几年，虽然股市低迷，也有相当一部分基金的年分红超过5%。由于从基金得到的分红暂时不需要交20%的所得税，所以其实际收益相当于一年期定期存款收益的5倍。有些基金一两年内不具备分红能力，但市场一转好，其净值就会很快上升，这时可以等待分红，也可以选择赎回，一年的收益除弥补前几年的亏损外还会有盈余。

股票型基金和股债基金的收益高低、稳定与否与管理人关系很大，所以应选择那些管理能力比较强的基金公司旗下的股票基金来投资。在选择时可以根据近几年一些权威机构对基金公司的综合评价来决定。目前易方达、广发、嘉实、南方、华安、海富通、湘财荷银、上投摩根、搏时、招商等基金公司的综合管理能力都得到了较好评价。

每年1000元，十年后可翻几番。

刘女士的女儿现在11岁，上小学六年级。刘女士从2006年春节起每年将女儿压岁钱的一部分（1000元）用来买基金。她是这样操作和打算的：

小学：5年期间都买股票型基金；

中学：6年期间一半买股债配置型基金，一半买短债基金。

这样，到她女儿高中毕业时，按投资额来看，拥有6000元的股票型基金、3000元股债配置型基金和3000元短债基金。

考虑到基金分红和红利再投资等因素，实际得到的回报要高出很多。在基准利率不变的情况下，按比较保守的估计（股票型基金收益率年均6%，股债配置型基金的收益率年均5%，短债基金3%）计算，张女士女儿中学毕业时可拿到20000多元。

当孩子上中学后，购买基金就可以选择风险与收益并重的策略。中学阶段可选择股债配置型基金、债券基金等风险略低一些的品种。

股债配置型基金一部分投资股票，一部分投资债券，如果基金经理管理得好，配置型基金的收益率与股票型基金比并不逊色。而股市和债市之间又在一定程度上存在着此消彼长的关系，在股市低迷的时候，其债券投资部分可以获得相对稳定的收益。选择股债配置型基金可以参照前述股票型基金的选择标准；债券型基金中做得比较好的有嘉实、南方基金公司等。

考虑到部分学生初中毕业后可能上中专、职业高中，他们自主消费的时间会更早到来，因此可以在其投资中增加低风险基金（如短债基金或货币基金）的比重。短债基金和货币基金投资和收益有同质化趋势，选择哪家公司差异不大。

目前基金公司基本上都通过银行代销其基金产品，在决定买哪家公司的基金后，就可以去该基金公司网站了解其代销渠道，确定好银行后便可以去申购基金了。需要提供的资料主要是个人身份证明。工行、中行有银行卡的可以直接买基金，建行在银行卡之外还要办理一张账户卡。

案例：生日礼物也能增值

林女士的女儿萧萧10岁生日快到了，林女士今年给宝贝女儿的生日礼物引人注目：一份基金定投。

林女士和萧萧制订了一份详细的定投计划：父母每个月出400元，萧萧也每月从压岁钱中拿出100元来一起做。女儿不仅在零用钱、压岁钱上养成了节俭的习惯，也享受着自己的小金库每月增长的喜悦。

通过与妈妈的交流，萧萧了解到基金是投资于资本市场、实现资产保值和增值的一种理财方式。基金定投不仅可以分享经济发展的成果，而且由于基金定投将累积收益作为资本金进行再投资，因而可以实现利滚利。通过某些智能定投平台，还可以根据市场涨跌情况，灵活调整投资额度。例如，市场上涨时，投资金额少一些；当市场下跌时，投资金额多一些，以摊低投资成本。

同时，林女士还登录基金公司的网站，通过网站提供的定投计算器预估定投收益，如果每个月拿500元做基金定投，以8%的年收益率来计算，那么10年以后，将得到近10万元的收益，资产增长超过50%。

“授人以鱼，不如授人以渔。”父母不仅要给孩子积累财富，更重要的是培养孩子创造财富和管理财富的能力。基金定投作为孩子的生日礼物，其价值不仅不会随时间而贬值，反而能够逐渐增长，更重要的是可以激发孩子对理财的兴趣，培养他们的理财能力。

谁都希望定投一家具有良好成长潜力的基金。一般地说，应选择实力雄厚、资金运作能力强、业绩稳定的优质基金。比如汇添富基金旗下的汇添富蓝筹稳健基金，该基金在股市单边下跌中依然创造了正收益，显示出良好的成长潜力和资产运作能力。

父母可以每月以固定金额自动投资于基金产品，通过长期坚持而分散投资风险、降低平均成本，最终积少成多、逐步向收益目标迈进，帮助父母有效解决儿女成长教育所需的种种费用。借助基金定投，父母可以省时省心，不必刻意判断投资时点，并且由于每期投入的资金是固定的，因此能够自然实现在市场低迷、基金净值下挫时买入较多份额，而在市场高企、基金净值上扬时自动减挡的投资效果。

很多销售渠道为基金定投设置的最少限制额度仅为一两百元，对于大多数家庭而言只是几餐饭、几场电影的花销，不会造成大的经济负担。父母们还可以根据家庭的实际收支情况和基金产品的历史收益，结合投资目标测算出每月合适的投资金额，从而实现为“儿女未来”储备资金、增强家庭财产实力的效果。

利用较长的时间周期，将波动相对较大的投资变成安全性更高的投资，以不变应对市场难以预计的变化波动，最终获取长期稳健回报，这是基金定投的突出优势。

第四章　小故事里的理财智慧

驴子故事的启示

从前有一位精通动物语言的农夫，每天傍晚总会逛一逛农场，偷听动物们在说些什么。有一天傍晚，他听到一头公牛在向一头驴子哀叹自己乖舛的命运："驴子啊，你是我的好朋友。但我从早到晚都要那么辛苦地拉犁耕田：无论天气有多热，无论我的双腿有多么累，无论我颈上的牛轭如何磨破我脖子上的皮，我都不得不辛苦地工作。而你倒是生来悠闲，你每天披着五颜六色的毯子，什么事也不用做，只要载着主人到他想去的地方就可以了。如果主人今天不想出去，你就可以休息一整天，舒舒服服地享用青草。"

这头驴子尽管不完全认同公牛的这种说法，但它仍然非常同情公牛的境遇，而且它一直都认为自己是公牛的好朋友。于是它回答："我的朋友，你的工作的确非常辛劳，我完全愿意替你分烦解忧。因此我要教你如何偷得一日闲的办法。明天早上，主人的奴隶要牵你去拉犁时，你就躺在地上，并且痛苦地吼叫，这样他就可能会以为你生病了，因而无法上工。"

于是公牛采纳了驴子的建议，第二天奴隶向主人回报说，那头公牛生病了，无法拉犁。主人就说："那么，就牵那只驴子去拉犁吧，因为犁田的工作绝不能停下来。"

只顾着帮助朋友的驴子这才发现，它自己将被迫一整天都得替公牛做分内的事情，而所有的驴子几乎都无法胜任犁田的工作。直到夜幕低垂，驴子拖的犁才被卸下来，它的心里非常凄苦，两条腿疲惫得早已不听使唤，它的脖子也酸胀得要命，而且被牛轭磨破了一大块皮。

到了晚上，农夫又到谷仓里去听动物们说话。还是公牛先开口，说："驴子啊，你真是我的好朋友。因为你聪明的办法使我休息了一整天，而且还享受了上好的青草。"驴子则愤愤不平地嚷道："而我却像其他天真单纯的人一样，帮助了朋友，却反而害得自己替朋友劳碌。从今以后，还是你自己去拉你的犁吧，因为我听主人告诉奴隶说，假如你再生病的话，就要把你卖给屠夫。我但愿他能把你卖掉，因为你真是一头懒惰的牛。"此后，这两头动物再也没有说过一句话——这件事不仅使它们做不成朋友，而且还从此以后再也不互相往来了。

这个故事告诉我们这样一个道理：假如你需要帮助你的朋友，你完全可以帮助，但是绝不能把你朋友的负担加在你自己身上，从而变成了自己的负担。例如，同学和朋友之间相互借钱是常有的事情，但如果因此弄得自己身陷困境，就一定要慎重思考你们的关系了。

关于饿狼的故事

两只小羊在高高的悬崖上面玩耍，有只饥肠辘辘的狼，突然来到悬崖下面。

狼环视附近，这么高的悬崖，不管从什么地方都爬不上去。

因此，狼用温柔而低沉的声音说："可爱的孩子们呀！在那种地方玩儿很危险，快下来呀！下面长了许多柔嫩好吃的草喔！"

但是，小羊因为常听到关于狼的可怕事情，所以说："狼伯伯，谢谢你的好意，但是，我们下不去。如果我们下去了，在吃到嫩草之前，可能就被伯伯给吃掉了！"

"什么！可恶的孩子！"狼非常生气地说。

在现实生活中，经常会遇到商家的各种宣传促销活动，有的赠送精美的礼品，往往有一些不理智的消费者，因为喜欢赠送的礼品而购买本不需要的商品，等明白过来一想，其实从其他渠道买这个礼品只需花费很少的钱。还有的低价商品根本就是假货，并会对人体造成一定危害。所以，当你冲动消费时，就请想一想这个故事给我们的启发吧。

拖拖拉拉的老鼠

"最近，几乎每天晚上都有同伴被猫吃掉！大家想想办法来对付那只猫吧！”有一天晚上，老鼠们开始商量如何对付猫。

“我有个好主意！我们把铃铛挂在猫的脖子上就行了。”

“对呀！这样只要铃铛一响，就知道是猫来了。”

“真是个好主意！”老鼠们非常高兴地一致表示赞成。

现在只要在猫的脖子上挂上铃铛，我们就不必再担心了。可是，要由谁去给可怕的猫挂上铃铛呢？

“喔！我怕，我不要！”

“我也不行！”

最后，这个好办法并没有执行。

这个故事告诉我们：做事情不仅要有好的点子，还要考虑可操作性。我们开创事业也是如此，好的点子固然重要，切实可行则是我们首先应该考虑的。

花园里的小动物们

在一个五彩缤纷的大花园里，住着一群可爱的小动物，它们是花园里最要好的朋友：有爱好音乐的蟋蟀、喜欢跳舞的蝴蝶、热爱劳动的蚂蚁和酷爱翻土的蚯蚓。

每天清晨，它们起床后先向太阳公公问好，然后开始自己一天的工作。蚯蚓钻到土里为花园里的花草松动土壤；蚂蚁则忙忙碌碌地搜集花籽并一个一个地搬到仓库；蝴蝶一边跳舞一边采集花蜜；蟋蟀呢，坐在花阴下创作新的歌曲并练习演唱，就这样，忙碌的白天过去了。

晚上，月亮婆婆升上天空，把温柔的月光照进美丽的花园里，

这群好朋友欢聚一堂，品尝着美味佳肴、高兴地聊着天儿。蝴蝶会给伙伴们和花朵们跳美妙的舞蹈；蚂蚁则搬出粮食和花蜜与大家一起分享。吃完喝完，大家躺下来，听蟋蟀唱着新编的歌曲，花儿们也会在优美动听的歌声中进入梦乡。

美好的一天结束了。花园里的每一天都是这样和谐宁静。

有一天，爱动脑筋的蚂蚁提议："我们是非常要好的朋友，我们每个人都非常能干，如果我们制定一个时间表，大家按计划在一起工作，那样工作效率不就大大提高了吗?"大家一听，都觉得这个建议很好，纷纷表示同意。于是，很特别的一天开始了。

按照新的工作表：上午，大家先和蚯蚓一起给花儿松土。蚯蚓很快就松完了它的那块土壤。再看蚂蚁，它把自己弄得灰头土脸不说，还累得筋疲力尽，只松了一点点土；一看那边的蝴蝶，比它松的土还少，连漂亮的新裙子也给弄脏了。吃完午饭，大家休息了一会儿又开始了新的工作。下午，蚂蚁带领大家一起搜集并搬运花籽，最爱迷路的蟋蟀背着花籽不知道跑到了哪里，半天都不见它的影子。蝴蝶飞到空中寻找花籽，它发现了很多花籽，连忙找来蚯蚓，它们一起往仓库里搬，虽然搬得特别吃力，可半天也没搬到仓库里。到了傍晚，蝴蝶教大家跳舞，结果蟋蟀不小心把脚给扭了，痛得哇哇直叫；蚂蚁的动作滑稽极了，逗得花儿们笑弯了腰；最惨的要数蚯蚓，它扭着扭着就把自己打成了结，大家好不容易才帮它解开。夜晚蟋蟀教大家一起唱歌，蚯蚓的歌声细小极了，谁都听不见；蚂蚁的声音那叫一个难听；蝴蝶的嗓音很美，可是老跑调，唱着唱着就不知拐到哪里去了。花园里的歌声简直就是噪音。音乐水平很高的蟋蟀气得皱着眉头捂着耳朵直摇头……就这样，伴随着乱七八糟的歌声，乱七八糟的一天终于过去了。

第二天，蚂蚁统计了前一天的工作成果后，向大家宣布："工作时间表作废，请大家按以前的方式工作。”大家又都开开心心地像以前一样各自做自己的工作去了。

花园里又恢复了美好和谐的生活。

这个故事告诉了我们一个当今社会普遍适用的道理：随着社会的发展，人们的分工越来越细，一个人不可能把什么事情都做了，作为社会的一分子，只有相互合作才能产生最大的效率。

第一次自己做事的小马

小马和它的妈妈住在绿草如茵的小河边。除了妈妈过河给河对岸的村子送粮食的时候，它总是跟随在妈妈的身边寸步不离。

它过得很快乐，时光飞快地过去了。

有一天，妈妈把小马叫到身边说：“小马，你已经长大了，可以帮妈妈做事了。今天你把这袋粮食送到河对岸的村子里去吧。”

小马非常高兴地答应了。

它驮着粮食飞快地来到了小河边。可是河上没有桥，只能自己蹚过去。但河水有多深呢？

犹豫中的小马一抬头，看见了正在不远处吃草的牛伯伯。小马赶紧跑过去问道：“牛伯伯，那河里的水深不深呀？”

牛伯伯挺起它那高大的身体笑着说：“不深，不深。才到我的小腿。”小马高兴地跑回河边准备蹚过河去。

它刚一迈腿，忽然听见一个声音说：“小马小马别下去，这河水可深啦。”小马低头一看，原来是小松鼠。小松鼠翘着它漂亮的尾巴，睁着圆圆的眼睛，很认真地说：

“前两天我的一个伙伴不小心掉进了河里，河水就把它卷走了。”小马一听没主意了。

牛伯伯说河水浅，小松鼠说河水深，这可怎么办呀？只好回去问妈妈。

马妈妈老远就看见小马低着头驮着粮食又回来了。心想它一定是遇到困难了，就迎过去问小马。小马哭着把牛伯伯和小松鼠的话告诉了妈妈。妈妈安慰小马说：“没关系，咱们一起去看看吧。”

小马和妈妈又一次来到河边，妈妈这回让小马自己去试探一下河水有多深。小马小心地试探着，一步一步地蹚过了河。噢，它明白了，河水既没有牛伯伯说的那么浅，也没有小松鼠说的那么深。

小马深情地向妈妈望了一眼，心里说：“谢谢你了，好妈妈。”然后它转头向村子跑去。它今天特别高兴，你知道是为什么吗？因为它明白了一个道理：遇到事情不能听别人的一面之词，要开动脑筋，要自己去实践。

聪明的曹冲

下面讲一个小朋友称大象的故事。这个小朋友名叫曹冲，曹冲的父亲曹操是个大官，外国人送给他一只大象，他很想知道这只大象有多重，就叫他手下的官员想办法把大象称一称。

这可是一件难事。大象是陆地上最大的动物，怎么称呢？那时候没有那么大的秤，人也没有那么大的力气把大象抬起来。官员们都围着大象发愁，谁也想不出称象的办法。

正在这个时候，跑出来一个小孩子，站到大人面前说：“我有办法，我有办法！”官员们一看，原来是曹操的小儿子曹冲，大家嘴里不说，心里在想：哼！大人都想不出办法来，一个5岁的小孩子，会有什么办法！

可是千万别瞧不起小孩子，这小小的曹冲就是有办法。他想的办法，就连大人一时也想不出来。他父亲就说：“你有办法？快说出来让大家听听。”

曹冲说：“我称给你们看，你们就明白了。”

他叫人牵了大象，跟着他到河边去。他的父亲，还有那些官员们都想看看他到底怎么个称法，一起跟着来到河边。河边正好有只空着的大船，曹冲说：“把大象牵到船上去。”

大象上了船，船就往下沉了一些。曹冲说：“齐水面在船帮上画一道记号。”记号画好了以后，曹冲又叫人把大象牵上岸来。这时候大船空着，大船就往上浮起一些来。

大家看着，一会儿把大象牵上船，一会儿又把大象牵下船，心里说：“这孩子在玩什么把戏呀？”

接下来曹冲叫人挑了石块，装到大船上去，挑了一担又一担，大船又慢慢地往下沉了。

“行了，行了！”曹冲看见船帮上的记号齐了水面，就叫人把石块又一担一担地挑下船来。这时候，大家明白了：石头装上船和大象装上船，那船下沉到同一记号上，可见，石头和大象是同样的重量；再把这些石块称一称，把所有石块的重量加起来，得到的总和不就是大象的重量了吗？

大家都说，这办法表面看起来很好操作，可是要不是曹冲做给大家看，大人还真想不出来呢。曹冲真聪明！

这个故事里面，也蕴含着一个经济术语——替代品。比如，钢笔和圆珠笔就互为替代品，它们都能写字，所以可以互相替代。与

替代品相对应的是互补品，比如钢笔和墨水就是互补品，只有两者结合起来，才能共同产生效果。

从天堂到地狱的转换

在欧洲有这样一个发生在古代的传说，有一个人死后，发现自己来到一个美妙而又能享受一切的地方。他刚踏上那片乐土，就有个侍者模样的人走过来问他："先生，您有什么需要吗？在这里您可以拥有一切您想要的——所有的美味佳肴，所有可能的娱乐以及各式各样的消遣，都可以让您尽情享受。"

这个人听了以后，感到有些惊奇，但非常高兴，他窃喜：这不正是我在人世间的梦想嘛！一整天他都在品尝所有的佳肴美食，同时尽享美色的滋味。然而，有一天，他却对这一切感到索然乏味了，于是他就对侍者说："我对这一切感到很厌烦，我需要做一些事情。你可以给我找一份工作做吗？"

他没想到，得到的回答却是摇头："很抱歉，我的先生，这是我们这里唯一不能为您做的。这里没有工作可以给您。"

这个人非常沮丧，愤怒地挥动着手说："这真是太糟糕了！那我干脆就留在地狱好了！"

"您以为，您在什么地方呢？"那位侍者温和地说。

这则很富幽默感的故事揭示的却是一个深刻的道理：失去工作就等于失去快乐。工作是一项特权，它带来比维持生活更多的东西。工作是所有生意的基础，所有繁荣的来源，也是天才的塑造者。工作使年轻人奋发有为。工作是增添生命味道的食盐，但人们必须先爱它，工作才能给予最大的恩惠、最好的结果。但是令人遗憾的是，有些人却要在失业之后，才能体会到这一点。如果你把工作看做一种乐趣，人生就是天堂；如果你把工作看做一种义务，人生就是地狱。

积累而成的财富

有两个年轻人一同去寻找工作，其中一个是英国人，另一个是犹太人。

他们怀着成功的愿望，寻找适合自己发展的机会。

有一天，当他们走在街上时，同时看到有一枚硬币躺在地上。英国青年看也不看就走了过去，犹太青年却激动地将它捡了起来。

英国青年对犹太青年的举动露出鄙夷之色：一枚硬币也捡，真没出息！

犹太青年望着远去的英国青年，心中不免有些遗憾：让钱白白地从身边溜走，真没出息！

后来，两个人同时进了一家公司。公司很小，工作很累，工资很低，英国青年不屑一顾地走了，而犹太青年却高兴地留了下来。

两年后，两人又在街上相遇，犹太青年已成了老板，而英国青年还在寻找工作。

英国青年对此不可理解，说："你这么没出息的人怎么能这么快地发了财呢?"犹太青年说："因为我不会像你那样绅士般地从一枚硬币上边走过去，我会珍惜每一分钱。而你连一枚硬币都不要，怎么会发财呢?"

财富的取得不是靠凭空瞎想，也不是靠不切实际的行为取向，它是靠平素一点一滴的积累来获得的。

德国给我的一堂课

德国工业化程度在世界上很先进，说到奔驰、宝马、西门子、博世……没有人不知道，世界上用于核反应堆中最好的核心泵是在德国一个小镇上生产的。在这样一个发达国家，人们的生活一定是纸醉金迷灯红酒绿吧。

下面是一个去德国考察的中国人亲自经历的一件事。

“在去德国考察前，我们在描绘着、揣摩着这个国度。到达港口城市汉堡之时，我们习惯先去餐馆，公派的驻地同事免不了要为我们接风洗尘。

走进餐馆，我们一行穿过桌多人少的中餐馆大厅，心里犯疑惑：这样冷清清的场面，饭店能开下去吗？更可笑的是一对用餐情侣的桌子上，只摆有一个碟子，里面只放着两种菜，两罐啤酒，如此简单，是否影响他们的甜蜜约会？如果是男士买单，是否太小气，他不怕女友跑掉？

另外一桌是几位白人老太太在悠闲地用餐，每道菜上桌后，服务生很快给她们分掉，然后被她们吃光。

我们不再过多注意她们，而是盼着自己的大餐快点上来。驻地的同事看到大家饥饿的样子，就多点了些菜，大家也不推让，大有“宰”驻地同事的意思。

餐馆客人不多，上菜很快，我们的桌子很快被碟碗堆满，看来，今天我们是这里的“大富豪”了。

狼吞虎咽之后，想到后面还有活动，就不再恋酒菜，这一餐很快就结束了。结果还有1/3没有吃掉，剩在桌面上。结完账，个个剔着牙，歪歪扭扭地出了餐馆大门。

出门没走几步，餐馆里有人在叫我们。不知是怎么回事：是否谁的东西落下了？我们都好奇，回头去看看。原来是那几个白人老太太在和饭店老板叽里呱啦说着什么，好像是针对我们的。

看到我们都围来了，老太太改说英文，我们就都能听懂了，她在说我们剩的菜太多，太浪费了。我们觉得好笑，这老太太多管闲事！“我们花钱吃饭，剩多少，关你老太太什么事?”同事阿桂当时站出来，想和老太太练练口语。听到阿桂这样一说，老太太更生气了，为首的老太太立马掏出手机，拨打着什么电话。

一会儿，一个穿制服的人开车来了，称是社会保障机构的工作人员。问完情况后，这位工作人员居然拿出罚单，开出了50马克的罚款。这下我们都不吭气了，阿桂的脸不知道扭到哪里去了。驻地的同事只好拿出50马克，并一再说：“对不起!”

这位工作人员收下50马克，用严肃的口气对我们说：“需要吃多少，就点多少！钱是你自己的，但资源是全社会的，世界上有很多人还缺少资源，你们不能够也没有理由浪费!”

如果是你，是否认同这句话？是否会惭愧脸红？一个富有的国家里，人们还有这种意识。我们得好好反思：我国资源不是很丰富，而且人口众多，但在平时请客吃饭时，剩下的总很多，主人怕客人吃不好丢面子，担心被客人看成小气鬼，就点很多的菜，反正都有剩，你不会怪我不大方吧。

这真的值得我们认真思考，我们真的需要改变我们的一些习惯了，并且还要树立“大社会”的意识，再也不能“穷大方”了。

金钱换不来一切

我们的生活需要物质做基础，衣、食、住、行，样样都需要钱来支撑。所以，有人说，“没有钱就寸步难行”，“没有钱是万万不能的”，或者“有什么别有病，没什么别没钱”。这充分显示了金钱在人们心目中的地位。那么，钱就是万能的了吗？先看看下面的小故事吧。

有个阔佬，背着许多金银珠宝去远方寻找快乐，可是走遍千山万水也没有找到。

一天，他正愁眉不展地坐在路边叹息，一位衣衫褴褛的农夫唱着山歌走过来。阔佬向农夫讨教快乐的秘诀，农夫笑笑说：“哪里有什么秘诀，快乐其实再简单不过了，只要你把背负的东西放下就可以了。”

阔佬顿悟——自己背着那么沉重的金银珠宝，腰都快被压弯了，而且住店怕偷，行路怕抢，成天忧心忡忡，惊魂不定，怎么能快乐得起来呢？

于是，他放下行囊，把金银珠宝分发给过路的穷人。这样，不仅背上的重负没有了，还看到一张张快乐的笑脸，他终于成了一个快乐的人。

你有什么感想？是的，钱可以买到很多东西，但快乐、幸福是买不来的。所以，我们要珍惜每一分钱，更要珍惜每一份快乐、每一份感情。

梦想如何实现

一个开罗人整天做梦梦见自己变成了富翁，一天夜里，他梦见神对他说："想发财，你就得去伊斯法罕，在那里能找到金币。"

"天哪！伊斯法罕远在波斯啊，必须穿越阿拉伯半岛，经波斯湾，再攀上扎格罗斯山，才能到达那山巅之城。可能还没到就客死他乡了。到底去不去呢?"开罗人想，"但是，如果不去，这辈子恐怕难以发财了。"最后他还是决定前行。

开罗人千里跋涉，历经了许多艰难险阻，风尘仆仆地到达了"山巅之城"伊斯法罕。但是结果令他大失所望，当地兵荒马乱，连他随身带的一点儿值钱的东西也被土匪抢走了。还是一位当地人救了他。

"听口音，你不是本地人?"救命恩人问他。

"我从开罗来。"开罗人气息奄奄地说。

"什么？开罗？你从那么远、那么富有的城市，到我们这鸟不生蛋的伊斯法罕来干什么?"

"因为我梦见神对我启示，到这里来可以找到成千上万的金币。"开罗人坦白地说。

那人大笑了起来："真是个笑话，我还经常做梦，我在开罗有个房子，后面有 7 棵无花果树和一个日晷，日晷旁边有个水池，池底藏着好多金币呢！回到开罗去吧，别做白日梦了。"

开罗人衣衫褴褛一无所有地回到了开罗，但是，没过多久，他就变成了开罗最有钱的人。

因为那位伊斯法罕人所说的7棵无花果树和水池，正在他家的后院。而他在水池底下，真的挖出了成千上万的金币。

有人说，开罗人白去了一趟伊斯法罕，因为金币就在自己家后院。但是如果他没去伊斯法罕，也许永远不会知道这个结果。

我们人生中重要的发现，都要经过一段艰苦甚至漫长的寻找过程。当然，没有了过程，你的结果也很难是“金币”。

第五章 培养良好的消费习惯

怎么给孩子零用钱

豆豆刚刚读五年级，妈妈每周给他 10 元零花钱，原本是让他在学校买些学习用品，没用完的部分可以存起来。想不到他每周都把钱花得精光，还经常让妈妈额外再给他一点。

妈妈心想，一周 10 元零花钱也不多，就每周给他 20 元零花钱。没想到，这还不够豆豆花，当豆豆又找妈妈要钱的时候，妈妈本不想再给他，但是豆豆一撒娇，妈妈就心软了。于是，豆豆用完钱后妈妈就给他，结果豆豆每周的零花钱越来越多，花钱也越来越没有节制了。

给零花钱是为了让孩子接触经济问题，逐步培养经济意识，满足孩子合理的经济需要。另外还能培养孩子打理零花钱的能力，引导孩子懂得钱的价值和功能，这对孩子的成长是有益的。这就要求家长讲究发放零花钱的方法，不能孩子什么时候要就什么时候给，也不能孩子要多少就给多少。

正确的做法是定期给孩子零花钱，在每周或每个月固定的时

间给孩子数额相同的零花钱，这是教孩子理财的好方法。

当然，孩子越来越大，用钱的地方也越来越多，家长可以适当增加零花钱的数额，但是不能轻易增加，更不能一下子增加太多，否则将会适得其反。孩子的年龄越小，零花钱就越要分多次给。开始每两三天给一次，以后可以每周给一次，再后每半月或每月给一次，以培养孩子计划用钱的习惯。

在给孩子零花钱的时候，要告诉孩子："这是一周（或一个月）的零花钱，在这个时间内，你应该好好利用这些零花钱购买学习用品而不能乱花，如果有节余，应该将其存起来，以备今后用到最需要的地方。"如果孩子没有按照你所说的那样做，提前把钱花光了，你切不可再给孩子增加零花钱。否则，孩子会变得得寸进尺。

每次给的零花钱要有量的限制，使孩子能将一部分钱用于消费，一部分钱用于储蓄。在决定零花钱数额时，家长应该和孩子好好谈一谈，问问他们觉得需要多少，为什么需要某个数额，同时你应该告诉孩子你认为多少比较合理。还要把你的愿望告诉孩子，如你希望孩子用零花钱做什么。

家长应以认真的态度和孩子进行讨论，以达成彼此满意的解决办法。告诉孩子，协议一旦达成，他就必须遵守执行。也要让孩子明白，零花钱是家庭生活的一项规定，并不是父母对他施加压力的工具，也不会因父母情绪好坏而增加或减少。

等下一次给孩子零花钱时，父母最好问问孩子上次零花钱是怎样花的，如果发现孩子花了不该花的钱，应该指出来；发现孩子花得合理的地方应该予以表扬。父母双方要相互协调，及时了解并纠正孩子花钱过程中所发生的错误行为。

零花钱不可以用家务衡量

晚饭后，小家伙准备去客厅看电视，却被爸爸一把抓住："去厨房，帮妈妈洗碗。"孩子不太愿意，嘟着小嘴。爸爸笑着说："想要零花钱吗？以后的零花钱就用做家务活来换吧！"

"啊？"孩子大叫一声，嘴巴一下子噘了起来。

爸爸认真地说："你现在都上初中了，应该做些家务了，还可以培养你的劳动能力，这难道有什么不好吗？"

孩子不太高兴地答道："好吧，我做就是了。但是具体怎么算报酬呢？"

爸爸说："这样吧，洗一次碗，我是指全部洗完，包括擦灶台刷水池扫厨房的地和拖厨房的地，1 元钱怎么样？"

"嗯……还行，可以！扫房间的地呢？

"扫房间的地，包括所有的房间，还有外面的阳台，一次 2 元钱。"

"如果我还拖地板呢？"

"拖地板很累人的，如果你把家里全拖干净，一次给你 5 元钱！"

"哇！这么多！那我天天拖！"

……

接下来的日子里，孩子按时做家务，确实也得到了不少零花钱。但孩子做家务完全是出于钱的考虑，所以一旦有其他事与"钱"发生冲突的时候，孩子就会选择放弃做家务。

比如，每当小伙伴找他去玩时，他就会扔下进行一半的家务跑掉，爸爸说他时，他就反驳道：“大不了不给我零花钱，我才不稀罕呢！”当孩子不愿意做家务时，妈妈批评他，他却顶撞道：“我心情不好，不想做家务，没想要零花钱。”而过年后，孩子得到了大笔的压岁钱，那段时间他再也不做家务了，他说：“我现在不缺钱花，就有权利选择不做家务。”

慢慢地，爸爸妈妈发现孩子越来越缺乏责任感，让他帮个忙就要求给钱，孩子好像掉进了钱眼里。

当家长将孩子的零花钱和家务劳动扯在一起时，时间一长，他们就会发现孩子做事的出发点是金钱。慢慢地，孩子会失去责任感，丢失感恩的心态，在他们眼里唯有金钱可以衡量一切家务劳动。甚至在妈妈生病卧床的时候，让孩子帮忙倒杯水，有的孩子都会问：“给多少钱?”

不错，这样的孩子很有“经济头脑”，但是这不是父母想要的结果，因为它与教育宗旨背道而驰，培养出来的是一个没有人情味的孩子。因此，千万不要把家务劳动和零花钱混为一谈。

家务劳动是家庭生活的重要内容，做家务是每一个家庭成员应尽的义务。孩子也是家庭的一员，虽然他年龄尚小，但这不能免去他做家务的义务。父母应该让孩子承担一部分力所能及的家务劳动，譬如扫地、洗碗；也可以随着孩子年龄的增长，增加孩子的家务劳动量。

以家务劳动来换取零花钱，这是一种不正确的观念和行为，不利于孩子的健康成长，也不利于正常的家庭生活。至于孩子日常生活所需的零花钱，应该由家长提供。这与家务劳动索取报酬，完全是两回事。

不少家长赞同这一观点，他们认为家里每位成员都应该分担一点家务，不存在拖一次地给多少钱的问题。一位母亲说，有一天她的女儿告诉她，她们班里有的同学在家里做家务赚零花钱，希望以后也可以这样。

这位母亲是这样回答的："如果你需要零花钱，妈妈可以每个月给你一点。但你要帮妈妈做家务来赚零花钱，妈妈不同意，因为家务是家里每个人都应该做的。如果你做家务要收钱，那我和爸爸做家务、给你洗衣服、做饭是不是也要收钱？这是我们应该做的，不应该收钱。爸爸妈妈是出去工作挣钱，挣别人的钱。如果你想挣钱，就应该好好学习，将来出去挣钱。"最后，女儿明白了妈妈的用意，同时也更加珍惜父母给她的零花钱。

所以，我们不能草率地把孩子做家务与给零花钱联系起来，我们要做的是给孩子正确的引导和帮助，使孩子通过其他途径挣取零花钱。而对于孩子需要的零花钱，家长不能不给，也不能多给，要给得恰到好处，还要让孩子用得合理；对于家里的家务活，应该引导孩子去做，让孩子知道那不仅仅是一种义务，更多的是对家庭的一种责任。

如何实行长辈的金钱奖励

李阳刚上初中时，父母为了鼓励他好好学习，三年后能考上重点高中，就对他频繁进行奖励。今天作业写得工整，奖给他 2 元钱；明天考试取得好成绩，奖给他 10 元钱；老师对李阳有好的评价，父母高兴地奖给他 20 元；期中期末考试进入班级前十名，父母分别奖给他 50 元；在家做了家务，也奖。总之，李阳

时时都有机会“得奖”。

一个学期结束后，李阳总共得到了1000元的奖励，他在金钱的激励下自然表现不错，成绩在班里很棒。第二学期，爸爸妈妈觉得这样奖励下去自己承受不住，于是不再奖励李阳。李阳见没了奖励，马上宣布罢课。

爸爸妈妈很生气，批评他：“学习是你自己的事情。不好好学习今后怎么在社会上立足？”可是李阳根本听不进去，反而质问爸爸妈妈：“你们想我好好学习，就是为了以后我能挣多点钱让你们好好享受生活，既然想达到目的，现在就应该付出，奖励我是应该的。”

爸爸妈妈听了这话，差点没气晕，他们怎么也不会想到自己的儿子这样不明事理，说出这样的话。但是，既然是自己的“奖励”影响了孩子，现在又能够怪谁呢？

现在的孩子，是父母的掌上明珠，常常被家人哄着，孩子有好的表现父母就奖励他零花钱，不少孩子每天得不到几块钱就不去上学。而家长为了满足自己的孩子，就用钱来打发他们去学校。这样一来，孩子也习惯了向父母要钱，直到最后认为父母奖励自己金钱是应该的，没有了奖励就不上学、不听话，变得霸道、任性，让父母无可奈何。

其实，这就是不恰当的奖励给孩子造成了不良影响。奖励没有什么不对，正确地运用奖励手段，是教育孩子的重要方法。但是如果父母三天两头奖励孩子钱，长此以往，孩子就会认为奖励他是应该的，不奖励他是不正常的。因此，父母要注意奖励的方法。

（1）不能时不时地奖励孩子。奖励不是“渲染式”的，而应该是“点缀式”的，偶尔来一次，能产生出其不意的效果。如果什么都实行奖励制度，今天作业做得好，奖；明天考试考得好，奖；家务劳动做得好，奖……很容易产生负面效应，容易使孩子产生这样一种心理：你不奖我就不做，我做了你就应该奖励我，否则我岂不是白做了？这样孩子就会把获取奖励当作目的。

家长应该认真分清楚奖励的情况，什么该奖，什么不该奖。凡是孩子应该做的，是孩子的义务，比如作业写清楚、做简单的家务等都不应该奖。而对于孩子额外的积极表现、突出成绩、明显的进步，才应该给予适当的奖励，但不能过于频繁。

（2）奖励形式要多样化。奖励最忌直接用金钱或是物质，那样容易使孩子受到拜金主义思想的影响。正确的奖励应该力求形式多样，内容丰富多彩。比如当孩子达到了你规定的目标时，可以奖励一本他非常喜欢的课外书，带他去看一场电影，带他去外地旅游以示奖励，或者奖励孩子由他自己选择一样礼物等。总之，奖励应该是有意义的，应该具有精神鼓舞作用，能产生久远的影响力。

（3）融奖励于无意识中间。有时候孩子进步了、有好的表现，但是他并未发现自己的进步和优点，这时父母点出孩子的进步和优点。给他一些奖励，会让孩子兴奋不已。这能让孩子感觉到父母时刻在关注着自己，因而他会加倍努力。

比如，孩子平时生活习惯不太好，房间总是乱糟糟的，可是有一天你发现他的房间变得整洁干净，这时，你不妨给他一定的奖励，给他一个惊喜。又比如，孩子班里的一个同学生病了，孩子主动用自己的零花钱给那位同学买了礼物去看望同学，当你得知此事后，不妨赞扬他，给他奖励，表示对他的这种行为的充分肯定。

（4）要辩证地对待奖励。优点和缺点是相对的，优点的背后

往往是缺点，缺点的背后也往往是优点。对孩子不能只奖励而不惩罚，更不能只惩罚不奖励。要奖罚分明，不能因为奖励了孩子就看不到孩子的缺点。

值得注意的是，奖励不能失信于孩子。说好了要奖的就必须奖，说好了奖多少就奖多少，不能说话不算数，也不能给孩子打折扣的奖励。父母只有正确地运用奖励手段教育孩子，才能使奖励真正发挥作用。

不要放纵孩子的消费

陶娟刚刚十二岁，妈妈和爸爸开始给她支配零花钱的权利，并在一番商量之后，将每月基础零花钱定为107元。因为陶娟每个星期都要参加小提琴、英语、奥数三个培训班，特长班学习都是孩子自己坐车去，一个星期来去的路费8元，一个月四个星期32元；每天早餐为2元，30天即60元，除去路费和早餐费，还剩下15元。表面上陶娟拿到的钱挺多，但真正用于满足个人需要的零花钱并不多。

第一次给陶娟零花钱的同时，爸爸妈妈给了她一个小本子，爸爸摸着她的头豪爽地说："既然是给你的零花钱，就由你全权支配，但我们还有一个小小的要求，就是你应该建立零花钱账本，把每次零花钱的使用时间及事项记下来，这是为了培养你的计划能力和核算能力。"陶娟乐呵呵地说："爸爸妈妈真民主，你们这个小小的要求通过！"

在父母的细心管理下，陶娟的零花钱使用得很合理，她学会了精打细算地花钱。

我们的生活水平越来越高了，关于孩子零花钱的问题也被提上了家庭议程。许多家长都想给孩子灌输花钱的正确理念和方法，引导孩子正确地面对财富，学会管钱、省钱和用钱。然而，给孩子多少零花钱？如何控制和管理孩子的零花钱？这些问题在不少家长看来还是很棘手的。

那么，要想控制好孩子的零花钱，到底怎么做才最好呢？

(1) 每月给孩子基础零花钱。所谓基础零花钱是指每月孩子必须用的钱。例如上文故事中提到的交通费、早餐费，就属于这类零花钱。因为这些钱是必用的，孩子没办法从中省出钱来。因此，这笔钱表面上是给孩子的零花钱，实际上是“死”的。

如果孩子花钱大手大脚，当他没钱买零食或玩具时，想从基础零花钱中省出钱来用于其他花销，那么他就会遇到很多麻烦。比如，孩子从交通费、早餐费中省钱买零食，那么他得步行或挨饿。这种麻烦会对孩子大手大脚花钱的行为有制约作用，当孩子发现步行太累、挨饿难受时，会自然而然变乖。

(2) 让孩子学会写零花钱申请。当孩子遇到特殊事情需要花钱时，如他看中了一本书想买，就要写零花钱申请报告，报告中要写明增加经费的原因。如果父母觉得孩子的申请合理，就可以把钱给孩子。

事实上，这样做是很有必要的。毕竟孩子处于成长过程中，他们内心充满好奇，需求不断变化，经常会被一些新奇的东西吸引。如果父母给孩子的零花钱太固定，缺乏灵活性，孩子的需求就容易因为缺少零花钱而被压抑，这对孩子的健康成长是不利的。

(3) 要求孩子进行零花钱账目管理。并不是把零花钱给孩子

就完事了，还要给孩子准备一个记账本，让孩子将每个月的零花钱使用情况记录下来，这样能对孩子的零花钱进行更细致的管理。否则，孩子花完零花钱后，却记不起钱花在什么地方，家长也没办法发现孩子哪些钱花得不合理。

（4）零花钱的给予要定时。定时给孩子零花钱的好处是，让孩子知道如果自己随便花钱，是没办法在零花钱的使用期限内再次向父母要钱的，这可以促使孩子学会计划花钱。

（5）怎么样加零花钱。如果孩子的零花钱没有合理安排好，提前用完，父母应坚持不再给予。如果孩子在学校表现优异，在家积极做家务，家长可以适当奖励孩子一些零花钱。但是这仅是奖励。而不能让孩子认为这是通过自己好好学习、积极做家务交换来的。否则，孩子容易将学习、做家务的目的看做是赚钱，这就有“动机不纯”之嫌。

大手大脚地花钱不可取

尽管家里的条件越来越好，但如何教育孩子理财还是让黄女士非常头疼。黄女士说：“因为我家里很富有，平时给孩子的零花钱一大把，但是孩子还不知满足，经常跟班里的同学在穿着上比高档，讲的是名牌，我心想家里也不缺这些钱，就给他买，结果孩子就越来越不像话了。”

黄女士的儿子就读于一所重点中学，每月都要从父母手上拿走近1000元的零花钱，且花得一干二净。他穿的衣服、鞋子，戴的帽子，背的包，都是清一色的名牌货，便宜的要好几百，贵的要上千，每次父母给他买一身衣服就要花好几千块钱。穿着时尚高档，让他觉得在同学面前很有面子，虚荣心越来越强，于是学习的心思也没有了。每当儿子缠着要钱的时候，黄女士和丈夫只好一边给钱，一边教育儿子要好好学习，但收效甚微。

让孩子穿一身时尚而高档的名牌。确实能给孩子增添不少吸引力，也能让家长赚足面子。但是青少年时期的孩子，应该将学习放在首要位置，父母应该注重培养孩子的思想品质和道德素养，而不能用名牌来讨孩子的欢心，用名牌激励孩子去学习。

而且，小小年纪的孩子就全身上下都是名牌，容易遭到不法分子和不良青年的抢劫。曾经发生过这样一件事：一个男孩穿着爸爸从美国买的价值1000多元的名牌运动鞋去上学，放学后一出校门，就被人截住了。“把你的鞋脱下来让我穿两天！凭什么你能穿这么好的鞋？”一个语气凶狠的男青年慢条斯理地说，同时把自己的旧鞋脱掉踢到小男孩的面前。小男孩大气不敢出，乖乖地把新鞋脱了下来。

很多孩子之所以被人抢劫，一方面可能因为穿得太好，一方面可能因为自己有钱太招摇了。这就提醒家长们，尤其是家庭经济状况比较宽裕的父母，不要让孩子在穿着方面产生比别人优越的心理，更不要让孩子在金钱方面有优越感，因为这对孩子并不是什么好事。让自己的孩子与普通人为伍，与平凡人为伴，并不是在“虐待”孩子，而是给孩子创造一个安全的生活空间。

当然，不让孩子在穿着方面有优越感。更重要的是有利于孩子安心学习，培养孩子的理财观念。因为任何一个能轻易得到优越生活条件、金钱的孩子都不容易学会珍惜，而容易变得挥霍、浪费，在人际交往方面会变得看不起他人，最后变成一个纨绔子弟。

在这方面，家长们应该学习比尔·盖茨教育孩子的方法。比尔·盖茨是世界第一大富翁，但他却将自己财产的大部分捐赠给慈善事业，对于子女他没有用金钱和名牌宠着。盖茨认为，对于站在人生起跑点上的子女们来说，拥有太多不劳而获的财富并不是好事。像这样的富翁家长在西方发达国家有很多，他们甚至让孩子打工挣钱交学费。在他们看来，挣钱本身不是主要的，关键是让孩子建立起对金钱真实而感性的认识，建立起正确的金钱观。

父母既然不能替孩子完成财富积累的过程，就不能在孩子小的时候给他太优越的生活。让孩子对财富有一个正确的认识，对名牌的追求抱有一颗平常心，是孩子健康成长的需要。

“借钱”比“给钱”更可取

小伟学习很用功，也很听话，唯一的毛病就是花钱大手大脚，没有计划，常常是给他一周的零花钱，不到三天就花光了。他的妈妈刘女士就想了一个办法，发工资后，她把小伟叫到了跟前，拿出100块钱对他说：“这100块钱是你这个月的零花钱。以后每个月我发工资后，都会给你100块钱，供你自由支配，其中包括买铅笔、橡皮等学习用品的钱。”

小伟头一次自己管钱，高兴极了。此后的一天，孙女士带着小伟逛商店，他像往常一样直奔玩具柜台。要是平常，不给他买点东西，他是不会离开那儿的，但是今天，孙女士决定陪着小伟看。小伟兴奋地看看这件，又瞅瞅那件，似乎都很喜欢。

最后。他终于看中了一套小汽车，标价是300元。小伟高兴地冲着孙女士说："妈妈，我想买这套小汽车。咱们家里还没有这样的呢！"

孙女士满不在乎地回答："行啊，你自己有钱，买什么样的自己说了算。"

小伟着急了："可是我的钱不够啊，你能不能帮我添上点啊？"孙女士不客气地说："可以，但是这钱你必须还给我。"

"可是我怎么还你啊？"

"这样吧。以后两个月的零花钱我就不给你了，用来还债，学习用品也只好想别的办法了。"孙女士故意激小伟。

小伟想了想，终于说："妈妈，你先去别的地方看看吧，我再想想行吗？"看来刚刚的话起到作用了，孙女士很高兴，就说："行！想好了买哪样，再来跟我借钱啊。"

过了一会儿，小伟跑过来对孙女士说："妈妈，那小汽车太贵了，我不买了。"孙女士紧跟着说："想好了，真的不买了？这可不是我不让你买，是你自己决定的啊。"小伟使劲喘了口气，点点头说："真的不买了。"

孙女士没有像其他家长那样，对孩子额外消费的要求马上答应或是断然拒绝，而是采取了折中的方法——借钱给孩子。这样不仅让孩子懂得了"量入为出"的道理，还在无形中形成了节约的意识，所以小伟最后并没有花出这笔钱。

作为一位母亲，孙女士的做法无疑是明智的，而且也是值得其他家长学习借鉴的。但事实上，大多数家长还没有意识到节约意识对孩子的重要性。

比如，在某所小学里，教师和校工在校园内捡拾的物品堆满了一间屋子，大至书包、外套，小至手表、头绳。学校多次广播要求学生去认领，却始终无人问津。面对这种局面，该校的一位老师曾忧心忡忡地说，现在的家长都“不差钱”了，家境一般的也抱着“再穷不能穷孩子”的观念，对孩子索取零花钱的要求一概来者不拒。于是，越来越多的孩子养成了花钱大手大脚的毛病。

可见，钱并没有错，而是家长给钱的方式有错误。试想，如果当孩子没有钱花的时候，心里想的是“妈妈是否能借钱给我”；当孩子要花钱买东西的时候，心里想的是“这笔借来的钱，我要多久才能还给妈妈”，那时，恐怕孩子就不得不节俭了。

明白你为何给孩子零花钱

“过来，儿子，爸爸给你 10 元零花钱买糖果吃。”每次，爸爸总是对儿子说同样的话。爸爸的话让儿子认为零花钱就是用来买糖果的，于是每次拿到零花钱，儿子就冲进小商店，买自己喜欢吃的糖果。而学习用品即使用完了，儿子也不买。因为他试过了，找爸爸要钱买学习用品时，爸爸还会再一次给钱。

就这样，爸爸没有明确给孩子零花钱的目的，而儿子则将零花钱当作零食的费用，一有零花钱就买零食。慢慢地，儿子养成了贪吃的习惯，也养成了大手大脚花钱的毛病。

很多家长认为，把零花钱给孩子之后怎么花那是孩子自己的事情。而事实上，孩子得到零花钱后，通常是兴奋地买自己想要的东西，包括吃的、玩的、用的。但是他们并不知道怎样合理分配这些零花钱，他们也不知道父母给自己零花钱的真正目的是什么。

事实上，给孩子零花钱的目的是什么，很多家长并没有仔细思考。他们总是简单地认为给孩子零花钱买东西，是满足孩子的个人需要。其实，给零花钱还有更深远的意义和目的。

第一，让孩子分享家庭资源，参与家庭管理，产生独立自主的意识，避免在用钱方面过分压抑而养成说谎和偷窃的习惯。

如果孩子意识到金钱的好处而口袋里却没有任何零花钱，长此下去必有问题。比如参加聚餐活动，遇到需要 AA 制的花钱项目时，孩子会很尴尬。以后，他恐怕就不愿意再和同学一起聚餐了，这对他的人际交往不利。此外，孩子还会为了满足自己的需要而拿走父母随手放在桌子上的零钱，渐渐地学会偷窃。事实证明，从小没有零花钱的孩子长大后会过分看中金钱，更可能因为钱财而变得六亲不认。因此，适量地给孩子零花钱，是为了让孩子养成正确的金钱观。

第二，让孩子养成抑制消费欲望的好习惯，学会计划消费和精明消费。

每周或每个月给孩子一次零花钱，数额不要太大，让孩子知道一段时间内，自己可以自由支配多少钱。这既可以使孩子学会延迟满足，也可以使孩子节制欲望。

父母在给孩子零花钱时，可以和他约定这些钱的使用范围，帮孩子做一个大致的计划，养成量入为出的习惯。如果孩子自控力不好，父母可以少给一些零花钱，只让孩子用这些钱买学习用

品、小礼物等；等孩子自控力增强后，可以多给孩子一些零花钱。这样，当孩子试图买滑冰鞋、玩具汽车时，他就知道要节制一些其他的购买计划，攒钱来实现他的目标，这就很自然地形成了储蓄意识。这时，父母可以赠送孩子储蓄罐，让他把零花钱存进去，最终实现自己的消费愿望。当孩子有了储蓄意识后，他们将很乐意接受父母提出的消费建议。

第三，让孩子明白金钱的真实意义和作用，知道金钱的取得要靠辛勤的劳动。

给孩子零花钱的时候要告诉孩子，这是父母辛苦赚来的，要合理地使用。这样可以防止孩子误认为金钱是唾手可得的东西，造成购买欲望的膨胀。在孩子心中埋下“适度消费、珍惜钱财”的概念，可以防止孩子花钱没有计划。

只有让孩子明白给他零花钱的目的，孩子才不会仅仅将零花钱视为买东西的工具，才会了解父母的良苦用心，继而学会有计划地、合理地使用零花钱。这样，孩子才会慢慢形成正确的金钱观和理财观念。

一位家长说，他的女儿都上初中了，还是不会花钱。有一次，女儿跑到学校的小卖部买本子、圆珠笔，还有零食，给店主10块钱，店主把东西给她，她拿起东西转身就跑了。在买东西的时候不问价钱，买好东西后不知道问对方找钱，这种糊里糊涂的消费行为着实让这位家长担忧。

身为母亲的刘女士说：“我的儿子总是把零花钱花得一分不剩，‘严刑’逼问下才‘招供’，说吃肯德基、麦当劳了，打游戏了。”说到这里，刘女士生气地说，难怪他的零花钱用得那么快，小小年纪就如此“高档”消费，零花钱怎么经花呢？

每当给孩子零花钱的时候，你是否都问问孩子上次的零花钱怎么花的，花到哪些地方了呢？或许你问过孩子，但得到的答案只会让你更生气，因为你发现孩子的零花钱花得很不值。

身为父亲的文先生说："现在生活好了，父母的腰包鼓了，小店里的玩具琳琅满目，零食更是多种多样。孩子们的零花钱也涨了，少的每天几块，多的每天十几块甚至几十块上百块。我真不明白，有这么多的零花钱，为什么我的儿子仍然觉得不够花，他把钱都花到哪儿去了？和儿子沟通后我发现，他的零花钱都花在一袋袋辣条里，一根根冰棍里，组装的小汽车里，在那趴在地上盯着转的陀螺里，在那画满 XX 战士、武器的卡片里，在那低俗的漫画书里……"

确实，很多孩子早晨上学时，先在校门外买几样玩具，课间和同学碰着头趴在某个角落大呼小叫地玩上一阵；放学回家前，绝对不会忘记买包零食，舔着手指，辣得发出"嚯嚯"声还直呼"过瘾"，这就是孩子零花钱的去处。调查结果显示，60% 的学生把大部分钱都花在了"吃"和"玩"上，只有少部分钱用在了"学习"上。而且他们消费的时候比谁更有"派头"，有些孩子甚至沉迷于赌博游戏。

看到孩子们将零花钱这样挥霍，做家长的心里也不是滋味。我们知道，钱和日常生活密不可分，因此，在给孩子零花钱的同时一定要引导孩子将理财的观念根植于内心：钱是通过劳动得到的报酬，可以用它来交换需要的物品或服务；零花钱是父母上班的劳动所得，所以必须合理地花。在此，家长可以问孩子三个问题，引导孩子把零花钱花到正道上。

（1）你真的想买零食吗？让孩子把他的购买想法说出来，并

要求充足的理由。这时孩子很难说出充分的理由，他们只是觉得零食好吃，“好吃就买”，似乎连他们自己都认为这不是理由。因此，孩子会觉察到自己把零花钱全部拿去买零食是不对的。

（2）你认为买零食和那么多玩具值得吗？如果孩子依然固执地认为买零食和玩具是对的，你再问他是否值得，这时你要让孩子知道购买行为所付出的代价和可能的后果。

（3）你有钱吗？当前面的两个问题说服不了孩子时，家长应该用这个问题来对付孩子。问他是否有钱，这是为了让孩子明白他的零花钱是父母给他的，父母可以减少或收回零花钱。这无形中就会给孩子带来压力，让他控制自己无休止的消费行为。

不能毫无节制地给孩子钱

“爸爸，给我 30 元钱，我要买变形金刚。”大宝拉着爸爸的手，大声央求。

“怎么又要钱，我两天前不是给了你 50 元钱吗？”爸爸很好奇地问。

“嗯……嗯……”大宝眼球不自在地打转，说：“我买学习用品了。”

爸爸不相信地问：“买学习用品花了 50 元吗？那可是你这个月的零花钱啊。你的学习用品在哪儿？给我看看。”

虽然结果爸爸发现大宝的零花钱并不是用于购买学习用品，但是他还是边责怪大宝，边从口袋里掏钱给大宝买变形金刚。而大宝拿到钱之后，兴奋地冲向了离家不远的小卖部。

很多父母都经常看到或遇到这样的情况，原本给了孩子零花钱，但是孩子转眼就花光了，回头又找父母要。如果这种情况发生在你的孩子身上，你到底该不该给孩子钱呢？不给，孩子会和你哭闹个没完，你也不忍心孩子闹下去；给，又会纵容孩子大手大脚花钱的恶习。面对这样的情况，家长又该如何避免孩子向你要额外零花钱呢？

首先，家长应该在给孩子零花钱的时候和孩子说清楚：“这是一个星期（或一个月）的零花钱，你自己安排使用，不允许乱花。如果在这个期限内你花完了这些钱，不许再向我要，向我要我也不会给。”

这就是在提醒孩子，在这段时间内，这么多钱是你自己的，你应该对自己的消费行为负责，否则，钱花光了，想买的东西没钱买，你自己应该承担后果。相信孩子在父母的警告下，会有所收敛，如果他还是没能控制自己的购买欲望，那么接下来你应该兑现诺言。

其次，区分孩子要求是否合理。虽然你警告了孩子要省着花钱，但是几天后他又向你要零花钱时，你应该先区分他的要求是否合理，而不应该开口就责骂孩子乱花钱。你可以心平气和地对孩子说：“你为什么要零花钱？我不是给你了吗？我们不是说好了不能再要钱了吗？”

看孩子如何讲述他要钱的理由。如果孩子要零花钱是为了买一些大件物品，而这些物品又是孩子学习或娱乐的必需品，孩子的零花钱不够支付，那么你可以答应给孩子钱，但是你可以和孩子谈条件。张先生是这样做的：他会给孩子需要的钱数，但是这

些钱要从以后几周的零花钱中扣除，即等于是把钱借给了孩子，孩子从以后的零花钱中省出钱来还给父母。

之所以这样做，是为了让孩子明白父母不会无偿随意给他钱。他也就不敢随意花钱，因为钱花光了就没有了，就没法再买自己想要的东西了。

如果你发现他要钱的理由很荒谬，那你一定要好好教育你的孩子，应该果断地执行之前的承诺，坚决不给钱。或许在你说出这个决定后，孩子会哭闹，但是你不能妥协。等孩子停止哭闹后，你可以试着给他做思想工作，但是要语气平和，不要怒气冲冲。

除了这些，父母更应该从源头上阻止孩子乱花钱。那就是多教孩子一些节俭的知识和技巧，给孩子提供一些建设性的购物意见，指导孩子如何理财。

买贵重的不如买合适的

十岁的魏强买玩具的标准就是“价格越贵的玩具越好玩。”这次，爸爸怎么教育他他都不听，认为爸爸是在说谎骗他。爸爸一气之下说：“走，不买了，家里那么多玩具够你玩的。”魏强的眼泪刷刷地掉下来了。

魏强的爸爸告诉记者：“这孩子越来越不像话，不光买玩具，平时买衣服，买学习用品，都讲究买贵的。同学要是买了什么新东西，他也要，而且要更好的，更贵的，而不考虑是不是适合自己。”

这是很多孩子对消费的误解，家长应该及时让孩子明白“适合自己的才是最好的”这个道理。让孩子在买东西的时候结合自己的需要以及口袋里的钱来选购物品，而不能什么都讲名牌、讲高价，否则，孩子很容易养成大手大脚花钱的习惯，也容易染上攀比的不良思想。

虽然道理非常简单，但偏偏有些父母害怕孩子受到别人的歧视，明明自己经济条件不允许给孩子买贵的东西，却瞒着孩子，狠下心来满足孩子的无理要求。

例如，有一位下岗又离了婚的母亲，靠上门做钟点工挣钱供孩子上学，但在孩子面前她从来不提困窘的家境。孩子要求买在同学们中流行的耐克T恤衫，要求买价格不菲的参考书和英语复读机，要求和同学一起参加“海南三日游”，她都咬牙答应下来，宁可不休息、超负荷地工作，也要满足孩子的要求。殊不知，这样只会害了孩子，让孩子养成攀比、乱花钱等毛病。

拿买玩具为例子来分析，很多男孩子讲究买贵的，他们认为贵的就是好的，买贵的才有面子，却忽视了玩具的实用性。而有些家长也是这么认为的，家长贾先生说：“玩具价格越贵越好，价钱高自然有高的道理，比如质量有保证、安全性能高。”这种现象在某种程度上是攀比思想在作怪，但最根本的还是家长和孩子理财观念的缺失造成的。

事实上，价钱高与质量好并不一定成正比。一些高价玩具大部分外壳是用塑料做成的，很容易摔坏，有的厂家不负责修理，而且玩具不保修，更不能更换新的，要是喜欢，只能再买新的。而孩子玩玩具，经常会摔、拆，即使质量好的玩具也经不起孩子

的折腾，而且孩子“喜新厌旧”的心理强烈，如果总是买价格高的玩具，这将是一笔数额不菲的花销。相反，如果家长注重玩具的实用性，结合自己家庭的经济情况，买适合孩子的玩具，即使孩子把玩具摔坏了，再买一个玩具，也不会花太多钱。

如今，以玩具、书籍、课外辅导班等方式来投资教育、培养孩子已经成为时下越来越多父母的选择，这样做肯定是有助于孩子的成长的。家长希望孩子玩得健康、用得舒心的这种心情是可以理解的，但并不是越贵的东西就越好。

儿童教育专家认为，想要彻底改变孩子“买贵的”这种不合理的消费行为，必须帮孩子树立正确的金钱观和消费观。家长要坚持这样的教育理念：教孩子合理用钱，向孩子传递艰苦奋斗的理念。平时多给孩子讲一些勤俭节约的理财观念，当孩子乱花钱时，要及时表态，好好指导教育孩子。

不要苛刻削减孩子的零花钱

陶女士对记者讲述了令她十分烦恼的事情，因为她发现一向单纯天真的儿子接二连三地偷家里的钱。让她做梦也想不到的是，儿子有一次竟然偷了200元现金。

陶女士认为，根源在于学校经营的小超市。而当她和孩子沟通后，才发现孩子偷钱的原因是不久前父母减少了自己的零花钱，让他成为了班里零花钱最少的一个。

记者问孩子：“是不是父母对你管得太严了？”孩子的回答是

肯定的，他还表示希望可以自己管自己的压岁钱。今年过年，他有两千多元压岁钱，可是妈妈却不让他用。他说，班里的很多同学都有零花钱买零食吃，他也想买，但是他没有钱。

事实上，几乎每一所学校都开设有小超市，这是为了方便学生，并不是导致孩子偷钱的原因。而是父母对自己的零花钱管得太严，并且突然减少了自己的零花钱所导致的。虽然学校老师经常教育学生不能乱花钱，也教育家长不能给孩子太多零花钱。但是，家长不能突然减少孩子的零花钱。

试想，伴随着孩子的成长，零花钱不增加反而突然减少甚至没有零花钱，这难免让孩子感到难以接受，继而产生不满的情绪，使孩子在冲动中做出一些不理智的事情。

据报道，一个10岁的小女孩，在父母不再大把地给自己零花钱之后，她难以忍受，索性离家出走卖花。这样的事例还有很多，问题的症结就是孩子的零花钱。

因此，家长在决定减少孩子的零花钱时，应该和孩子好好商量，而不能自作主张，说减就减，说不给就不给。否则会使孩子感到莫名其妙，使孩子觉得自己没有被父母尊重，继而产生怨恨，甚至会以逃学、离家出走等极端行为来表示抗议。

现在十二三岁的孩子开始有自己的想法，他们已经进入了中学阶段。这时候孩子正处于青春期，独立意识比较强烈，叛逆心理也越来越强，他们不再像小学生那样什么都不懂什么都听父母的。作为父母，应该随着孩子的成长改变自己的教育方式，不能再把孩子当作附属品，安排他们的一切。家长应该适当给孩子零花钱，让他们有一定的零花钱支配自由度。同时监督孩子零花钱的使用情况，只要孩子没有把钱用在不正当的行为上，家长都应

该宽容对待，而不要一味要求孩子根据家长的喜好来消费，更不可自作主张地决定减少孩子的零花钱甚至不给孩子零花钱。

给孩子的理财提建议

2009年，段锐和段娟兄妹二人各收获2000元压岁钱。段锐对妹妹段娟说："这些钱我们怎么花呀？"妹妹说："买点吃的，买点玩的，很快就会花掉的。""不行，那样太浪费。"妈妈正好听到了他们的谈话，于是建议道："你们应该把自己的零花钱存起来，等到上高中、上大学的时候用。"段锐说："行，我听妈妈的。"妹妹段娟显然不同意，问："为什么要把钱存起来呢？"

这时，妈妈给段锐和段娟兄妹讲了一个故事：有一个年轻人不懂得用钱，把父亲留下的遗产花光了，只留下一件大衣。一天，年轻人看到不按时节而来的燕子，以为春天已经到了，于是把大衣拿去卖了。不料，天气骤然转寒，冻得年轻人在路上瑟瑟发抖，这时他看到一只燕子被冻死了，于是感慨地说："燕子啊！你不但害了自己，也害了我啊！"

讲完故事，妈妈说道："不是燕子害了那个年轻人，而是因为他不懂得支配金钱，而使自己落得悲惨下场。所以，你们应该引以为戒，不能胡乱花钱，否则有再多的钱也会被挥霍光的。"

兄妹俩听后点点头，都认为妈妈的存钱计划是正确的。

孩子现在的主要问题是不会支配零花钱。因此，父母要想让孩子把自己的零花钱用在正确的地方，就应该给孩子一些建设性的指导意见，以引导孩子学会正确使用零花钱。

第一，在尊重孩子意愿的基础上提出建议。如果你想给孩子提意见，就应该首先尊重孩子的意愿。否则，那就不叫提建议，而是自作主张。因此，在孩子支配零花钱的过程中，原则上应由孩子自己决定零花钱的用途，不要硬性规定这不该买，那不能买。应该提高孩子对各种事物的判断力，让孩子会用适当的标准来决定该买什么，不该买什么。否则，一旦孩子丧失了主观性，只是一味地接受大人的价值观，只敢买父母点头认可的东西，长大后很容易形成依赖性人格。

这就是说，父母在尊重孩子自主花钱的基础上，提一些建议就可以了，如果管得过严，孩子买什么都要听家长的，那么孩子只是一个“储蓄罐”，完全失去了支配零花钱来培养其精明消费和理财能力的意义。

父母应该允许孩子在使用零花钱上遭遇一些挫折，因为这是孩子积累经验的必由之路。例如孩子被“喝饮料，赢大奖”的宣传所吸引，一口气买了很多饮料，花了很多钱，最后并没有中奖，他会反思刚才的冲动；再如孩子被“吃干脆面，集水浒传108将画片，赢海南游”所吸引，家长不妨让他试一试，当他发现买几箱干脆面，也集不到108将的画片时，自然会明白自己的行为是错的。

第二，教会孩子“安全消费”。孩子特别喜欢一些俗称“垃圾食品”的零食，当他们有了自由支配的钱，就迫不及待地要过把“嘴瘾”。食品是否安全健康，孩子根本不懂、不去考虑。这就有可能给孩子的健康造成危害。因此，引导孩子学会“安全消费”是很有必要的。

当孩子在小摊上购买散发出奇怪香气和荧光的新奇文具时，当孩子买了来历不明的色彩俗艳的颜料时，当孩子买了会在舌头上“爆破”或把舌头染绿染蓝的糖时，父母一定要及时干预。父母可以教孩子寻找和识别食品包装袋上的“QS”质量安全标志、像“一轮绿太阳从草原上升起”的绿色食品标志，教他多去大型超市买东西，告诉他不要随便买特别鲜艳的饮料。

第三，别让孩子变成“小守财奴”。有些孩子自己有了钱之后会有十分吝啬的举动，零花钱只用在自己一个人身上，有些孩子得到零花钱后变得非常小气和自私，买东西后独自享用，还对父母说：“这是我的钱买的，你可别想尝！”这时父母不应一笑置之，而要告诉孩子爱是相互的，懂得分享的孩子才会受到欢迎。

父母应鼓励和启发孩子利用自己的零花钱来表达爱心，例如给爷爷奶奶买礼物，将部分零花钱捐赠给希望工程，或者用攒下来的钱买一个新书包送给报纸上报道的“贫困学童”，这些爱心教育将在孩子的心里种下善良与分享的种子。